一
读

香与历史的七个故事

〔日〕渡边昌宏 著

魏海燕 译

香りと歴史
7つの物語

陕西新华出版

陕西人民出版社

目录

插图：中村光宏

穿越时空，
推开香与历史的大门

　　华丽的宴会上放飞的四只鸽子，每只都散发着不同的香气，这是因为人们事先将它们分别浸在四种不同的香水之中。紫罗兰、玫瑰、水仙、风信子，用这些花浸泡的香水如同丝丝春雨纷纷飘落在宾客们肩头。

　　在公元前 6 世纪的希腊宴会上常能看到这样的香芬表演。对于古希腊人来说，香时常被视为高于美食的奢华享受，人们

古希腊宴会上，使用鸽子进行香芬表演

为香而狂热，竞相享受其带来的乐趣。即便是在之后的罗马帝国，香在人们眼中有时也比食物还要重要。公元 1 世纪，罗马诗人马提雅尔受邀参加香芬宴会，曾这样讽刺道："香气诚然美妙，但如果没有任何可食之物，怎么能叫款待呢？"[1]

在古希腊和罗马，曾经有过这样一个时期，为了追求芳香，人们甚至宁愿舍弃美食。然而对于这一切，我们几乎一无所知。香无法用画来描绘，更不能像雕刻那样呈现在人们面前，所以历史上关于香的记载少之又少。它如同被沙漠掩埋的古城遗迹，深藏着被人们遗忘的故事。本书聚焦于历史上与香有关的名人逸事，带我们走近那些被隐藏的秘密与真相。

◎香与历史的传奇故事，五千年的探究之旅

接下来就为大家打开通往神秘的香之国度的大门，这里有日本乃至整个世界广为流传的七个故事。为了更好地体验此次穿越时空之旅，先为大家献上四个锦囊，里面装着此次旅行必备的妙招。

【旅行妙招锦囊之一】 香始于何时？

人类与香的邂逅，要从火的起源说起。焚烧树木、杂草等植物时产生的烟雾所散发出的气味，使人们意识到了芳香与恶臭的区别，由此开启了人们对香的认知。英语中表示香水、香料、芳香的"perfume"一词，其语源即来自拉丁语的 per（通过）

和 fumum（烟），意为"燃烧的烟雾"。

香在世界的起源

香的世界史，要追溯到距今 5000 年前的古代文明发祥地——美索不达米亚。在那里人们为了供奉神灵，焚烧带有香气的杉木、树脂（乳香或没药），这被视为香的开端，从高拉土丘遗迹出土的香炉便能证明这一点。人们甚至认为植物蒸馏后产生香气的蒸馏原理也源自美索不达米亚。

要点解说：何为乳香与没药？

乳香（frankincense）是生长于阿拉伯半岛南部、非洲东部及印度等地的橄榄科乳香树树脂，该树木仅存于以上三地。人们将乳香树树皮剥开，待树脂流出，自然凝固后即成乳香。

没药（myrrh），主要源自非洲东北部的苏丹、

高拉土丘遗迹出土的香炉

索马里及红海沿线的干燥高地，是自然生长的橄榄科没药树树脂风干凝固后的产物。曾被用来制造古埃及木乃伊，这也使它成为木乃伊一词的词源。

香在日本的起源

据《日本书纪》记载，在距今1400年前的推古天皇时代（595年），人们在淡路岛发现了一种叫作沉水的香木，这可以说是香在日本最早的起源。另有观点认为，关于日本香的起源，更早的话要追溯到佛教自中国大陆传入日本的时期。

要点解说：何为沉水？

沉水是一种我们现在俗称沉香的香木。它生长于中南半岛及印度尼西亚等东南亚地区，是沉香属乔木，其树干在遭受虫蛀或创伤后分泌出树脂，这种自然凝结的固体树脂即为香料。在日本，以佛教为主，在茶和香道等艺术领域中，沉香均作为上好的香料长期为人们所使用。除沉香外，原产印度的白檀也被归属为香木。

【旅行妙招锦囊之二】香如何为人们所用？

从古埃及等古代文明时期开始，香一直被人们沿用至今。

它被广泛应用到宗教、医疗等各个不同领域，世界各国均是如此。历史中香的主要用途，可概括为以下三个方面：

①宗教。作为神、佛崇拜的重要道具之一，香为世界各国信徒所通用。

②娱乐。在古希腊、罗马，香作为重要的娱乐手段植根于人们的生活当中。

③医疗。自古代到近世，恶臭时常与疾病相关联，而香则是人们对抗恶臭的"良药"。

此外，香有时也会成为执政者财富与权力的象征。古埃及托勒密王朝最后的女王——埃及艳后，手掌就涂满了香料[2]。有时她甚至会下令，命人将她乘坐的船帆涂上香料，只为告诉远在下游码头的人们自己的到来。

古埃及的香文化（前3000—前30）

古埃及几乎与美索不达米亚地区同时开始使用香。香被广泛应用在以宗教为主，包括娱乐、医疗等在内的各个领域。不仅用于供奉神灵，人们还坚信香是连接转世重生的重要纽带，因此没药成为了制作木乃伊时必不可少的香料。

在日常生活中甚至形成了以赏香为娱乐方式的文化。无论男女都能享受睡莲的迷人芳香，女性更是将它作为时尚的重要一环（她们将含有香料的圆锥形香脂球装饰在头顶，随着时间

手持睡莲、头戴香脂球的女性

的推移，逐渐融化的香脂球能让整个身体充满香气，这成为人
们的必需品）。

　　此外，当时的埃及还盛行混合着各种香料的调制香。其中
一种名为奇斐（Kyphi）的香料堪称瑰宝。它是由柠檬草、菖蒲、
肉桂等芳香植物与乳香树脂混合在一起，捣碎后添加蜂蜜熬炼
而成。奇斐具有非常重要的价值。不仅用于宗教仪式，而且作
为药物和室内除臭、口臭预防、芳香娱乐的重要香料为人们广
泛应用。

　　在公元前16世纪的古医书《埃伯斯伯比书》（*Ebers
papyrus*）中，还记载了奇斐的配方。

<u>要点解说</u>：木乃伊曾经具有药用价值？

在中世纪的欧洲，人们坚信古埃及木乃伊具有药效，能够医治外伤、跌打损伤、气管炎等各类疾病。为此，在埃及偷盗木乃伊的行为屡禁不止，一些王公贵族们的木乃伊因为使用了大量的名贵香料更是价值连城，尤其是在16世纪的法国颇受人们青睐。相传瓦卢瓦王朝第九代国王弗朗索瓦一世就非常喜爱木乃伊制成的药物，无论去往何处都会将其作为常备药随身携带。在这一时期的欧洲，黑死病（鼠疫）横行，人们将使用大量香料制成的木乃伊视为能够防身护命的必备品，这也是木乃伊受到众人追捧的原因之一。

【旅行妙招锦囊之三】最受人类喜爱的香是什么香？

对香的喜好根据时代不同、民族不同均会有所差异，故不能一概而论。但如果一定要选出一种最受人们喜爱的香，那就非玫瑰香莫属了。

玫瑰香

玫瑰被称为香之女王，无论是在欧洲、中东或是亚洲的历史上，它都是人们最为喜爱的花。从古至今，人们不单欣赏鲜玫瑰的香气，还会通过以下这些方法来享受玫瑰香带来的乐趣。

玫瑰水

玫瑰花中含有大量水溶性香气，只需将它浸泡在水中，就能得到具有玫瑰花香的玫瑰水。在古罗马，有人甚至将玫瑰花瓣放入红酒中，制成玫瑰香红酒饮用。现如今市面上出售的玫瑰水，其制作工艺与 10 世纪阿拉伯发明的蒸馏器蒸发水蒸气的原理相同。同样使用这一原理制作出来的还有玫瑰精油，制作 1 公斤玫瑰精油需要使用多达 141 万枝玫瑰[3]。

香油与香膏

香油是指在橄榄油或杏仁油中加入玫瑰花瓣等原料，浸泡之后产生的具有香气的油。还有将玫瑰香加入动物油脂制成的软膏，人们称其为玫瑰香膏。无论是香油还是香膏，都会加入玫瑰、紫罗兰等芳香植物。1922 年，因黄金面具为人们所熟知的古埃及法老图坦卡蒙，据说在其陵墓中出土的提壶中残留有咖啡色的香膏，那香膏散发着椰子的香气。如今，再没有人能

（左）编纹长颈瓶（伊朗，10—11 世纪），用于盛放玫瑰水，直径 9.0cm，高 20.0cm，现藏于日本高砂香料工业
（右）雪花大理石香油瓶（埃及，公元前 3 世纪），直径 4.0cm，高 14.8cm，现藏于日本高砂香料工业

9

制造出当时那样的香油或是香膏了。

香水

将玫瑰精油等香料溶解到酒精里便形成了香水。据说用酒精制成的香水最早出现在 11 世纪前后的阿拉伯,而当时的香水很有可能就是玫瑰香水。直到现在,世界上依然有很多使用玫瑰制成的香水。

10

【旅行妙招锦囊之四】 何为香料?

香料是从玫瑰等芳香植物中提取出的具有香气的物质,有史以来人们常用的香料大致可分为两类。

·植物性香料:多由花、果实(主要是果皮)、树木、树叶、树脂等中提取。

·动物性香料:在抹香鲸、麝香鹿、麝香猫、海狸等动物体内形成的香料。

人们将这类从自然界中获取的香料称为天然香料。

花　　　　　　果实(果皮)　　　　树木　　　　树叶、树脂

抹香鲸

麝香鹿

麝香猫

海狸

·香料的使用：自古以来人们大多通过以下四种方法使用动植物香料。

①焚烧：焚烧树脂、香木等。焚烧之后形成带有香气的烟雾，也叫作香薰。

②浸泡：将玫瑰等花浸泡在水或动植物油脂中，将其香味分解到水或油中。

③混合：混合各类香料，创造出新的香气。人们称其为调香。

④蒸馏：将原料进行蒸馏。收集含有香成分的水蒸气，使其成为具有香气的液体。

其中第四种方法，需要使用一种叫作蒸馏器的锅具。据说蒸馏器的使用始于美索不达米亚文明时期。距今 1000 年前阿拉伯发明了蒸馏器，人们得以从蒸馏的芳香水中提取精油（含有芳香植物成分的挥发性油脂）。此后，出现了用酒精溶解精油制成的香水。

古代美索不达米亚蒸馏瓶，瓶身特有的设计让瓶盖上的水蒸气能够顺着瓶体两侧流入瓶身。该蒸馏瓶距今已有 5000 年以上的历史

要点解说：合成香料的发明

19 世纪人们通过化学合成，由天然香料发明出人工合成香料。我们日常使用的香料大都是合成香料。这类香料不仅能够大量生产，且成本低廉。合成香料分为两类，一类是用于香水类商品中的香料，叫作芳香制剂；另一类是用作糕点等食品的添加剂，叫作香精。

香与历史之旅

本书共分为七个章节，围绕不同国家、不同时代讲述了七段香与历史的迷人故事，无论从哪一章节读起，都能享受到不一样的乐趣。

那么，就让我们一同踏上这香与历史的奇妙之旅吧。

第一章

香的统治者们——
亚历山大大帝与梦中的
示巴女王

　　高贵、神秘的乳香芬芳，就连亚历山大大帝也为之倾倒，相传他在年少时曾梦到自己带兵讨伐位于阿拉伯南部的乳香产地。历史上神秘的示巴王国，因与马其顿、罗马帝国等地中海国家的乳香交易而兴盛，又因乳香消费国的衰退而灭亡，本章将为大家介绍示巴王国荣辱兴盛的故事。

焚烧乳香的香炉

◎历史中信步走来，五千年馥郁芬芳——乳香

　　漫步迪拜的旧街，如今也能感受到《一千零一夜》故事里的种种景物。这是笔者初次到访迪拜时留下的印象，走出迷宫一样的市场，经过一家卖骆驼肉汉堡的餐馆，店门口的香炉里飘出阵阵甜香，这神秘的香气，就好似骄阳下摸到了让人心生凉意的大理石。这便是曾经的阿拉伯瑰宝——乳香的香气。

　　乳香是一种芳香树脂，只有生长在阿拉伯南部及东非部分地区的树木，才会自然分泌出这种乳香树脂。

　　剥去树皮，便会流出树脂，待树脂自然干燥、凝固便形成了乳香。早在 5000 年前的美索不达米亚（两河流域）地区，人们就开始使用乳香了，公元前 14 世纪的古埃及第 18 王朝法

（左）乳香树
（右）乳香（一粒乳香相当于小拇指尖大小）

老图坦卡蒙的墓穴里就发现了乳香。在东方文明国家及古罗马帝国等以宗教仪式为中心的国家，乳香是人们最早使用的一种香料。

　　如今，不仅是迪拜这类中东地区，就连欧美、亚洲乃至全世界，都能够轻易买到乳香。乳香在日本的流传，始于奈良时代，来自中国的僧人鉴真将它与各类香料一同带到了日本。所以说，自古以来，人们就将乳香作为药材或是香的原材料使用。

要点解说：乳香与芳香疗法（乳香香气的功效）

　　芳香疗法，是运用芳香植物的香气帮助人们放松身心、维持健康的一种治疗方法。芳香疗法中乳香的香气能够帮助人们放松身心。由乳香提炼出的精油还可以用来缓解呼吸系统疾病患者的症状，而且在按摩肌肉及关节时也会用到。

◎乳香的统治者们

关于传说中的示巴王国，一说是指非洲的埃塞俄比亚，也有人认为是阿拉伯南部的也门等地，本章主要为大家介绍现今的也门及其周边与乳香有关的故事。

沉迷乳香的亚历山大大帝

距今 2300 年前，在马其顿王国，有位被乳香香气俘获的少年，名叫亚历山大。

他是马其顿王国腓力二世的王子，历史上称其为亚历山大大帝。

公元前 343 年，亚历山大 14 岁，他的母亲奥林匹娅斯特意从卫城（现在的雅典）请来著名学者亚里士多德担任王子的"家庭老师"。亚历山大对亚里士多德尊重有加，甚至这样评价这位恩师："父亲腓力二世只是给了我生命，老师亚里士多德却教会我如何高贵地活着。"

一天，老师亚里士多德发现王子频频在宫殿祭坛焚香，便对他说："您既然如此喜爱乳香，不如征讨乳香产地示巴王国，这样就能拥有使不尽的香料。不过，您必须好好珍惜这些宝贵

亚里士多德（前384—前322）与王子亚历山大

的东西。"

之后，亚历山大的父亲惨遭杀害，公元前336年，年仅20岁的亚历山大继承了王位。两年之后，也就是公元前334年，他便开始了声势浩大的亚历山大东征，先后攻克了埃及、美索不达米亚等国，在公元前330年攻克波斯帝国之后，他继续向西北方的印度逼近。至此构建起了西起希腊东至印度河流域的亚历山大帝国。公元前323年，亚历山大提出了远征阿拉伯的计划，但在巴比伦参加宴会时突然病倒，持续10天高烧不退，于同年6月病逝，年仅33岁。

要点解说：亚历山大大帝的形象

在多数人的印象中，亚历山大大帝向来都是相貌出众，仪表堂堂，现实中的他确实是位颇具女人缘的皇帝。这一切源自他与生俱来的精致容貌与潇洒的姿

亚历山大大帝（前 356—前 323）

态。不仅如此，相传他就连汗水都有着迷人的芳香。亚历山大大帝总以英雄的形象示人，除了他本人认可的宫廷画师阿佩莱斯之外，禁止任何人为他绘制肖像。从这一点不难看出，早在那时，统治者的形象就无比重要。

那个让少年亚历山大魂牵梦绕的乳香产地示巴，究竟是怎样的国度呢？

传说中的示巴王国

相传示巴王国自公元前 10 世纪起，统治阿拉伯半岛南部（现在的也门）长达一千多年。在其统治期间这里经济繁盛，甚至被称为"阿拉伯福地"，之所以有这样的称呼主要有两个原因：其一，这里曾是乳香的产地，当时乳香的价值堪比黄金。其二，这里比地中海各国更早地建立起了沟通海洋与陆地贸易的通道。

示巴王国的人们利用来自阿拉伯海的印度洋季风开展海上贸易，将印度的胡椒、中国的丝绸引入国内，该季风被后世称为"希帕罗斯之风"。人们将这些宝贵的海外舶来品和当地特产的乳香一起集中到阿拉伯海的加奈港（也门南部海岸比尔阿里），再组建骆驼商队，由陆路经马里卜将这些货物运送到阿拉伯半岛与地中海之间的贸易场所，也就是现在的以色列地区。

这条连接阿拉伯海与地中海的贸易通道被称为"乳香之路"（Land of Frankincense）全长 2735 公里，由 2000—3000 头骆驼组成的商队历时 65 天才能走完[1]。

要点解说：何为"希帕罗斯之风"？

希帕罗斯之风据说是公元前 1 世纪，由希腊人希帕罗斯所发现的，在当时专门记载阿拉伯海、红海海上贸易的《厄立特里亚航海记》中也有记载。夏季借助西南季风只需要 2 周时间就能用船将乳香等货物从阿拉伯半岛运送到印度。冬天再利用相反的东北季风将印度的香料等货物带回。

示巴女王

示巴女王被视为古代阿拉伯史上最大的谜团之一，虽然《古兰经》《圣经》中均有关于她的记载，但至今也未发现任何确凿证据证明示巴女王确有其人。本章主要介绍《圣经·旧约》中关于她的一些传说。

相传示巴女王生活在距今约 3000 年前的公元前 10 世纪。当时的以色列有位所罗门王，他不仅治国有方，令百姓安居乐业，国家繁荣昌盛，还有着过人的智慧。示巴女王听闻后，十分仰慕，并向他发出了智慧挑战，试探他是否像盛传的那

所罗门王与示巴女王

样智慧无双。示巴女王带领众多随从侍卫，用骆驼驮着香料、宝石和许多黄金，浩浩荡荡从示巴国出发，沿着"乳香之路"一路来到耶路撒冷。所罗门王盛情款待了示巴女王，金碧辉煌的宫殿、分列而坐的群臣、席上的珍馐美食，令女王惊叹不已。就连她故意提出的那些难题，所罗门王也是对答如流，这使女王心悦诚服，悉数献上了自己带来的黄金、宝石以及价值连城的香料。

这里所说的香料便是乳香，据说这次女王献上的乳香数量极为庞大，此后再没有人能一次性拿出这么多乳香。所罗门王也没有亏待女王，回赠了她大量的金银珠宝，据说还满足了女王提出的所有愿望。有关示巴女王出访所罗门的目的众说纷纭，但最大的可能是为了与以色列签订贸易协议。

示巴女王带回了大量的金属加工匠人，他们将交易所得的外国珠宝加工镶嵌在本国的金银上，制成精美的宝石饰品，从而进一步提升了示巴王国的经济实力。

如果真有示巴女王，那她一定是位极具行动力和商业才能的领袖。相传是她下令用骆驼取代骡子，在沙漠进行物资运输。在阿拉伯，骆驼被称为"沙漠绿洲"。在严酷的沙漠环境中骆驼可以一连数日不吃不喝，一头骆驼的运载能力是骡子的数倍，正因为有了骆驼，示巴通往以色列的严酷旅途才得以实现。

乳香的价值？

对于罗马帝国的皇帝以及地中海各国的统治者们来说，乳香的香气是能够让神灵心生喜悦的宝物，是宗教仪式中不可或缺的东西。也就是，不断进口珍贵的乳香，已经成为对外展示国力的方式，在国内它也是权力的象征。

乳香曾经有着和黄金同样的价值，古希腊历史学家希罗多德（Herodotos）所著的《历史》（*The Histories*）一书中提到，在美索不达米亚城市巴比伦曾有关于乳香的如下记载：巴比伦神域内有个巨大的祭坛，人们在此向神灵献祭家畜。这个巨大的祭坛每年因为各类祭祀典礼，会燃烧 1000 塔兰特的乳香[2]。

这里出现的塔兰特，是希腊等古代地中海国家（古罗马称其为塔兰岛）使用的重量及货币单位。作为重量单位，1 塔兰特约为 37.44 千克[3]。作为货币单位，1 塔兰特相当于一个人十

25

希罗多德（约前 484—前 425）

余年的收入。上文中希罗多德使用的塔兰特若为重量单位，则表示当时的人们每年会使用近40吨的乳香，若为货币单位那就意味着消费了相当巨额的乳香。

◎飞蛇守护乳香树

希罗多德在《历史》一书中记载的乳香树，每一株上都聚集着无数只长着翅膀的小蛇，这些小蛇有着五光十色的翅膀，它们寸步不离地守护着乳香树，任何人都无法轻易靠近。

一度称霸古代地中海地区的腓尼基人曾相传，阿拉伯海上漂浮的索科特拉岛上种植着许多乳香树，那里是不死鸟（火凤凰）栖息的家园。随着时代的变迁，到了4—5世纪的中国，

怪异植物丛生的索科特拉岛

甚至有传说称乳香树上住着与水獭类似的怪兽，这种怪兽会吞噬乳香香气且极其凶猛。

当然这些都是乳香产地的人们编造的故事。当时的人们是想通过这样的故事来守护能够给他们带来财富的名贵乳香。

普林尼撰写的示巴王国与乳香报告书

在继希罗多德时代 500 多年后的 1 世纪，古罗马有位著名的博物学家、军人普林尼（Gaius Plinius Secundus），在他撰写的《博物志》（*Naturalis historia*）一书中，记载着示巴王国人不仅拥有盛产乳香的森林和金矿，还广修水利灌溉农田，是当时世界上最为富有的民族。

《博物志》中还详细记载了示巴国乳香的产地、生产者、当时的价格等信息。

·产地——机密要地

示巴王国的乳香产地名叫"萨利巴"，这个词在当地语言中是"秘密"的意思。产地地势险峻，三面都是陡峭的岩壁，右边的断崖下面是波涛汹涌的大海，任何人都无法轻易接近。

·乳香的制造者——3000 个家庭内部世袭制

在一个叫希纳埃的地方，乳香的生产者们直到今天依然在进行着他们的劳作。这里只有 3000 个家庭有权利按照世袭的形式从事与乳香相关的工作，凡从事这项工作的人，都会被称为圣人。除了他们之外，其他的阿拉伯人甚至从未见过乳香树。

·收获乳香——每年秋季、春季各一次

按照惯例，乳香每年应该只收获一次。为了提高收益，人们将收获期改为一年两次。不过比起秋产乳香，春季收获的乳香品质大为逊色。

·运输——严格的制度和高额的税金

在运送乳香时如有人胆敢偏离规定的路线，会被治以死罪。此外，运送乳香需要缴纳高额的税金，例如向地中海城市加沙运送乳香，沿途各个关卡需要缴纳的税金加上骆驼的口粮，平均1头骆驼就需要花费688狄纳留斯[4]（古罗马货币单位之一）。

在普林尼的《博物志》中，关于1世纪罗马帝国乳香的价格，有过这样的记载：按罗马的重量单位——里拉计算，1里拉（约327克）最上乘品质的乳香价值6狄纳留斯，二级品质的乳香价值5狄纳留斯，三级品质的乳香价值3狄纳留斯[5]。

通过这些等值关系，我们就可以估算出当时乳香交易的利润。

如果一头骆驼能够运送130千克的乳香货物，粗略算来就有90狄纳留斯左右的利润（未减去驼工费用等人工费），当时罗马帝国一个普通四口之家一天的伙食费不过1狄纳留斯。即便是要支付高额的关税，若能让2000头骆驼平安将乳香运送到目的地，仅一次这样的商道之旅都是一笔十分可观的收益。

最后再为大家介绍一个普林尼《博物志》中的有趣故事。书中记载暴君尼禄为悼念亡妻波培娅，竟在她的葬礼上焚烧了阿拉伯一整年生产的香料（其中大部分是乳香）。从这一点不难看出，当时的罗马帝国皇帝拥有着莫大的财富和权力。

示巴王国的衰退及灭亡

历史上的示巴王国曾持续千年兴盛不衰。但随着乳香最大消费国罗马帝国的衰亡，曾被称为"阿拉伯福地"的示巴王国也随之光华尽失。4 世纪末期，罗马帝国东西分裂，首都由罗马迁往东罗马帝国的君士坦丁堡（现土耳其伊斯坦布尔）。主要贸易通道由横跨欧亚大陆的丝绸之路所取代，"乳香之路"自此失去了它的作用。

加之整个欧洲开始盛行基督教，392 年，罗马帝国更是将

马里卜遗迹

其设为国教。曾经大量使用乳香的古罗马帝国，不再沿用过去的宗教仪式，整个地中海对乳香的需求量随之骤减。

这使得以乳香贸易为主要经济支柱的示巴王国经济极速衰退。570 年，支撑整个国内农业生产的马里卜大水坝坍塌，此时的示巴王国已经没有经济实力再去修复水坝，肥沃的耕地干涸成沙漠，示巴王国最终走向了灭亡。

要点解说：惊人的马里卜水坝

马里卜水坝以巨石相砌而成，并用砂浆覆盖加固。这座大坝具有很强的蓄洪能力，是一座能够抵抗"每秒 2000 吨以上的水和沙砾"冲刷的巨型水坝。巨大的马里卜水坝滋润了方圆 96 平方千米的土地[6]。

日本 NHK 电视台曾播放过两部有关示巴王国的纪录片。一部是 1988 年的《海上丝绸之路》，另一部是 2007 年的《示巴女王的后裔》。节目中播放过的三首诗歌，为我们展观了示巴王国的繁荣与衰退。

节目的开头，镜头将人们带到也门的萨那街头，在一座石筑高层建筑的房间里，聚集着几位男士，他们围着香炉享受乳香香气，释放自己一整天的疲惫。在也门，像这样的聚会被人们称为"所罗门时间"，相传这一名称源自示巴女王出访所罗门的故事。聚会上人们一边演奏弦乐一边放声歌唱，唱的多是对示巴女王的赞歌。

也门的母亲啊！
我们从心底深爱的示巴女王！
您正是文明之源，
您孕育生命，带来和平，
无人可与您比肩，
也门的母亲啊！ [7]

虽然如今的也门沙漠化日渐严重，但下面为大家介绍的这首诗，能让我们联想到曾经的这里建有巨型大坝，绿树成荫。

旅人啊，如果你来到示巴城，不必担心那似火的骄阳，无论你去到这城里的哪个地方，树荫都会给你温柔的守候。[8]

最后是一首沙漠牧民自遥远的过去传颂至今的歌谣。
想象在日没的沙漠中，游牧民族的老人一边弹着弦乐一边吟唱这样一首歌谣。那就像是用人的一生在赞颂乳香的秘史。

人生就像漫长的旅途，沿途有如春天般苍翠，但好花也难日日红，最终留下的只有大地与骆驼。[9]

示巴灭亡后的乳香？——中国成为世界第一消费国

示巴王国灭亡之后，乳香又该何去何从呢？ 570 年，伊斯兰教的创始人穆罕默德（Muhammad）在麦加诞生，整个阿拉伯随后变成了伊斯兰的世界，阿拉伯商人继承了乳香的生意，将乳香带到了欧洲乃至更远的中国。

在中国，"乳香"一词早在 8 世纪的文献中就已经出现。13 世纪南宋泉州市舶司提举赵汝适（1170—1231）撰写的《诸蕃志》中详细记录了阿拉伯等地的海外商人带来的商品。

其中关于乳香的记载称，乳香别名薰陆香，是一种产自阿拉伯、分为 13 种不同等级[10]的高级香料。在 11 世纪的北宋末期，乳香作为药材需求量激增，有记载说在当时都城的香药库中存有 100 万斤以上[11]的乳香。宋代的 1 斤相当于 633 克，由此不难推断，宋朝拥有庞大的乳香储备，当时的中国很有可能是世界第一的乳香消费大国。

兴趣小知识：乳香之香

从制作冰激淋到治疗疟疾？！

阿曼作为如今的乳香产地，为全世界所知。乳香的品质主要分为 7 种不同的类型。其中一种被称为胡杰里（hojari）的乳香品质最高，这种乳香产自干燥高原地域的乳香树，多为白色或黄色结晶。相反雨水

在阿曼，婴儿出生后的 40 天里都会使用乳香香薰

较多的海岸线沿岸的树木树脂多含有较多杂质，品质也略差，色泽主要为赤褐色。对于也门、阿曼等阿拉伯南部的人们来说，乳香的香气从古至今都是生活中不可或缺的一部分。每当婴儿诞生，为了祈求母子平安，人们至今还保留着在摇篮旁焚烧乳香香薰的习惯。在婚礼等重要场合，或是招待客人时，也会焚烧乳香。乳香还有一项重要的作用就是用来熏染衣物，以达到驱蚊的效果，防止疟疾等疾病的传播。

在阿曼，人们将乳香的树脂作为食品销售，餐厅把它用作香料加在菜品和甜品中。在笔者吃过的这类食物中，加入乳香的香草冰激凌最为香甜。也许乳香树上流出的乳汁般的树脂本来就与牛奶最是相配吧。

文学与香：波德莱尔之香

法国诗人、评论家夏尔－皮埃尔·波德莱尔（Charle Baudelaive）的诗集《恶之花》（*Les Fleurs du Mal*）中收录了许多与香有关的诗，我们从中挑选一首题为《芳香》的诗，节选其中一部分为大家赏析。

> 读者啊，你可曾有过几次，
>
> 悠然品味，深深陶醉，
>
> 那弥漫在教堂里的香粒，
>
> 或是香囊中陈年的麝香？[12]
>
> 　　　　　　（《波德莱尔全集 I 恶之花》）

诗中出现的"香粒"会让人联想到乳香树干上一粒粒的树脂。上乘的乳香，只有小指指肚大小，色泽白亮，形如洋梨。只要将其点燃就会从顶端慢慢融化，静静升起的乳香烟雾散发着甘甜的香气。每当读到这首诗，眼前便浮现出波德莱尔生活着的巴黎教堂，那缓缓散开的乳香气息不仅会出现在脑海里，甚至还飘到了自己的身边。

第二章

皇帝恋香——
唐玄宗与杨贵妃，
泪与香的故事

　　龙脑香，曾是亚洲最为昂贵、稀有的香料，仅盛产于婆罗洲等东南亚的部分岛屿。它是龙脑树树干的自然结晶，色泽洁白亮丽。只要闻上一闻，香气瞬间从鼻腔蔓进大脑，舒爽清凉，沁人心脾。

　　本章将为大家讲述唐代玄宗皇帝与杨贵妃那段有关龙脑香的秘事，还有历史上那些体香四溢的绝世美人，以及她们与龙脑香之间的精彩故事。

杨贵妃（719—756）

◎贵妃之香，玄宗之泪

在距今1200年以前，中国唐朝都城长安，退位的玄宗皇帝，
独自一人在长安城享受着寂静的生活。

突然一日，一位男子来访。

玄宗皇帝（685—762）

此人名叫贺怀智，是位出了名的琵琶乐师，号称"长安第
一手"。玄宗在位时，贺怀智时常伴其左右为其演奏。玄宗看
着眼前这位旧时乐人，不禁怀想当年。"怀智来得正好，今日
要为我演奏什么乐曲呢？"只见贺怀智取下背着的包袱，小心
翼翼地从中取出个香囊，跪下说道："不胜惶恐，太上皇，您
可还记得那位深得您宠爱的杨贵妃？这里面装着与她有关的东
西。"

听到这里，玄宗睁大了眼睛。

贺怀智接着说道："当年陛下与人下棋，小人曾在一旁为
您弹奏琵琶。见您险些输棋，一旁观战的贵妃娘娘遂让怀里的
小狗跳到棋盘上，扰乱棋局，胜负就此一笔勾销，您龙颜大悦。
此时一阵清风袭来，吹落了贵妃的领巾，正好落在小人的幞头
上。晚上回家后，小人闻到自己的幞头上奇香无比，久久不散，
便将幞头收入锦囊，妥善保管至今。"

玄宗接过锦囊，小心打开，一股淡淡的清香扑面而来。他
小声呢喃道："这确是我赐予玉环的龙脑香气！"

紧盯着手上的幞头，玄宗眼里泛起了泪花，泪水顷刻浸湿
了他的脸颊。

这是大唐第九代皇帝玄宗李隆基退位做了太上皇之后的一
段故事，笔者在史料的基础上稍加想象整理而成。

曾经的一代帝王，为何会因一阵香气潸然泪下呢？

玄宗在位期间，励精图治，推行改革，长安城百姓安居乐

业，城内常住人口多达百万，经济发达，这时的长安城早已
是座国际化大都市。但后来玄宗逐渐怠慢朝政，宠爱杨贵妃，
加上政策失误等原因，国势日趋衰退。那么现实中的杨贵妃
究竟是个怎样的人物呢。唐代诗人白居易在《长恨歌》[1] 中这
样写道

　　天生丽质难自弃，一朝选在君王侧。

　　从诗中可以看出杨贵妃与玄宗的相识相知，然而这浪漫的
故事却始于一段不应该的爱情。公元 740 年，玄宗最宠爱的妃
子武惠妃去世已有三年，这位痴情的皇帝仍是不能忘怀，久久
不能从丧妻的痛苦中走出来。当时宫中佳丽三千，玄宗却一个
也看不上。见到皇上如此痛苦，一旁的高力士心急不已，他四
处张罗为皇上寻觅到了一位美人，这人竟是玄宗儿子寿王的妃
子杨玉环。

　　玄宗看着前来面圣的玉环，那颗沉睡的春心似乎又活了过
来，尽管他知道眼前这位令他心动不已的姑娘是自己的儿媳妇，
自己与她相恋会遭人唾弃，可还是将杨玉环送去道观出家，以
此终止了她与儿子寿王的婚姻，之后在 745 年 7 月他为寿王迎
娶了新的王妃，次月便将改头换面的杨玉环迎回宫中，封为贵
妃。

　　玄宗曾说"朕得杨贵妃，如得至宝也"。此时的玄宗已经

61 岁，而杨贵妃只有 27 岁，长恨歌中这样描写初见玄宗时的杨玉环。

回眸一笑百媚生，六宫粉黛无颜色。

杨贵妃不仅生得娇艳，还能歌善舞，熟谙乐理，更是位懂得察言观色的知性之人。另有一说，杨贵妃身上香气醉人，让玄宗沉迷不可自拔。

据说杨贵妃就连汗水都是粉桃色，就是我们现在说的香汗淋漓吧，沐浴时满身的香汗使得整个浴盆都是她的香气。传说她有西域波斯人的血统，因此多汗，不过又与体臭不同，这点深得玄宗皇帝的喜爱。

玄宗在位后期逐渐怠慢朝政，一心想着如何讨好他的玉环。杨贵妃喜爱荔枝，为了能够让她吃上新鲜的荔枝，玄宗令人不分昼夜快马加鞭，从岭南（今中国南部广东省）运送荔枝到长安城，单程 1600 公里以上的路程，必须数日之内送达。为此不知损伤了多少人马。这种奢华待遇，不仅杨贵妃一人，她的三个姐姐以及家人均是如此。尤其是杨贵妃的兄长杨国忠，原是一个只知道终日饮酒作乐的赌徒，却因为妹妹杨玉环而成了位高权重的国家重臣。他利用手中权力收受贿赂中饱私囊，干了不少伤天害理的事。

随着唐朝政治的不断衰退，公元 755 年，安禄山率 15 万精兵作乱谋反（史称安史之乱）。战火逼近长安都城，玄宗与杨贵妃一队人马逃往蜀地，途中，禁军发生哗变，杀了以杨国忠为首的杨氏家人，并逼宫玄宗，令他交出杨贵妃。

玄宗企图向士兵们解释，安禄山谋反与杨玉环无关，但最终也未能如愿，公元756年7月15日，杨贵妃被杀。极具讽刺意味的是，亲手缢死她的正是当年推选她面见圣上的太监高力士。

至此，杨贵妃结束了她富贵又波澜的一生。

据长恨歌中描述，此时玄宗血泪交替，悲愤不已。之后叛乱平息，玄宗重回都城长安，命令属下重新厚葬了杨贵妃。

办事的属下将杨贵妃临死时随身携带的香囊带回献给玄宗，香囊仍留有龙脑的香气，闻到这香气玄宗顿时泪流满面。杨贵妃的音容笑貌与这迷人的香气一起浮现在玄宗面前，恍惚间玄宗听到流着泪的玉环对他说"圣上，您多保重！"关于唐玄宗与杨贵妃，在中国还有许多传说。其中宋初的传奇小说《杨太真外传》一书这样描写唐玄宗，说他为了能与杨贵妃相见，甚至终日不进米食。

人时常会因为某种气味，想起经历过的一些事情，比如曾经让我们刻骨铭心的爱情，当我们闻到昔日恋人身上那熟悉的味道怕也会久久不能忘怀。年迈的玄宗，因龙脑的香气而落泪，正是二人超越年龄、身份的纯粹爱情的最好见证。

何为龙脑香？

龙脑是龙脑树上长出的无色结晶。龙脑树产自东南亚的婆罗洲、苏门答腊岛、马来半岛，属龙脑香科。龙脑树是一种巨型树木，可生长为树干直径2—3米，树高50—60米的大树。在唐代，人们只能在森林中获得天然的龙脑，这种龙脑是生长于森林深处的龙脑树树干自然开裂长出的白亮结晶，十分稀有。

龙脑的香气清凉怡人，醇厚浓郁，但不像薄荷那样刺激。在中国古代，人们将龙脑装入香囊赏玩它的芳香，此外它还是治疗发汗、湿疹的良药。玄宗皇帝作为厚礼赠送给杨贵妃的龙脑，据说是越南的交趾（现越南北部）上贡的顶级龙脑，形如卧蚕、色泽通透。

当时在唐朝宫廷有专门鉴定各国贡品的品鉴师，他们来自波斯，熟悉外国特产，据他们说，这块龙脑产自树龄颇长的一棵古树，是极为稀少的上等佳品。为此，宫中专门使用表祥瑞之意的瑞字为这块龙脑命名——瑞龙脑。在中国不同时代对龙脑都有不一样的称呼，13世纪南宋官僚赵汝适撰写的《诸蕃志》一书中曾将龙脑称为脑子，现在一般称之为冰片。

墨汁为何会有龙脑香？

在日本，龙脑的传入始于古代与陆地国家的贸易往来。它主要作为香料或是香的制作原料为人们使用。奈良的明日香村有座丸子山古坟，在那里出土了宝贵的龙脑。如今，人们极少从龙脑树中获取龙脑，多使用樟脑或萜油的提取物替代。在日本，人们还会在墨汁中加入少量的合成龙脑，据说这是因为龙脑具有安神镇定的作用，还能够消除墨汁原料中皮质（牛骨、皮毛生成的蛋白质）的臭味。

43

唐皇宫中有着怎样的香之礼仪？

在中国唐代，凡是接近皇上的人，都要净口除体味。尤其是宫中的女性们为了能让身体散发香气做出了各种尝试，比如使用能让嘴巴、身体散发香气的芳气方。在日本平安时代，宫中太医丹波康赖（912—995）曾撰写了一部日本现存最古老的医书——《医心方》，该书中也有关于芳气方的介绍。

《医心方》中介绍的主要芳气方：

香发至所着衣物方：

瓜子

松皮

晒干的大枣枣核

以上三种取等量研成粉末服用。每日两次，每次一勺。数
日后体香即可遍及衣物。[2]

香发至怀中幼儿方：

制以药丸饮之

第一日　口齿留香

第五日　周身飘香

第十日　所着衣物飘香

第二十日　逆风行而他人闻香

第二十五日　洗手面之水香

一月　　怀中所抱幼儿亦香

《医心方》中还记载了这种药丸的做法，原料有丁子香、
甘松香、麝香及其他七种原料，共计十味药材。

制作过程十分复杂。先将以上十味药材细捣，并用绢筛滤
出细粉，以蜂蜜和之，捣一千杵。然后取出，制成药丸含服，
昼一次夜三次，每日含服计十二丸。书中还写到了注意事项：
忌吃蒜、韭菜、大葱、薤头等辛辣刺激之物。[3]

◎传说中的飘香美人

西施——沉鱼美人

中国古代四大美女，分别是杨贵妃、王昭君、貂蝉、西施。西施是公元前5世纪人，本是浙江省绍兴街市上一位卖柴火的女子。相传一日她在河边浣纱，水中的鱼儿看到她的美貌，竟忘记了游泳，渐渐沉入江底。

传说中西施全身芳香。她生活的年代比杨贵妃早了1200多年，那时根本没有什么芳气方，所以人们推断她可能才是真正的芳香体质。据说若将她沐浴后的水洒在室内，整个房间都会充满芬芳。

西施的美貌引起了越王勾践的注意。越国将她进献给敌国君王——吴王夫差，想以美人计迷惑夫差，削弱吴国力量。夫差果然中计，比起朝政，他将时间和财力更多地倾注在了美女身上。不久之后，勾践瞅准时机一举歼灭了吴国。

香妃传说之谜

2001年3月23日，在安徽省砀山县某一施工现场，人们发现了一具保存完好的女尸。从棺椁及陪葬品判断这是一位清代贵族女子的陵墓。令人惊奇的是，棺椁刚一打开一股迷人的清香扑面而来，发现这一遗迹的人们推断这或许正是传说中的清朝美女香妃的陵墓。

这种推测源自与香妃有关的两个传说，一是体香；二是颈部的伤痕。香妃本是18世纪维吾尔族首领霍集占的妃子，她不仅是位绝世美人，还因身体能够自然散发出沁人心脾的香味而得名。日本作家井上靖曾去往丝绸之路上的喀什收集有关香妃的资料，从当地的老人那里听说，香妃身上散发出的是枣花的香气。

香妃常常作为悲剧的女主人公出现在各类电视剧及电影中，相传她的丈夫霍集占因发动叛乱，被平叛的清兵绞杀。清乾隆皇帝册封香妃为自己的妃子，并将她带回了紫禁城。但是香妃性格刚烈，誓死不从，并身藏利刃，想要杀了乾隆为夫报仇。

皇太后得知此事，召见香妃，问她："你不肯屈志，究竟作何打算？"香妃以"唯死而已"作答，太后说："那么今日便赐你一死。"香妃顿首拜谢，自刎身亡。于是便有了颈部的伤痕，这也是发现砀山女尸的人们，推断那是香妃尸体的原因。

但是最近的研究发现，实际上香妃此人并不存在。乾隆皇帝数十位妃子当中，仅一位维吾尔族妃子，名为容妃。研究证明，人们是以容妃为蓝本杜撰出的香妃故事，而容妃本人活到天寿之年，是一位幸福的女子。

要点解说：何为枣花香？

作家井上靖在维吾尔族老人那里听说的"枣花"，是在中国称为"沙枣"的植物的花朵，这类植物生长在中亚沙漠干燥地带，属常见的胡颓子科，是一种树高5—7米的落叶树，开淡黄色小花。它的香气甘甜中带有动物气味，极其浓郁。

兴趣小知识：龙脑香原产地的特殊习俗

在苏门答腊岛等龙脑的原产地，人们自古以来就对森林心怀敬畏和感激，这是因为森林为人类带来了无比宝贵的龙脑。14世纪的阿拉伯旅行家伊本·白图泰（Ibn Battutah）曾在游历马六甲海峡时，途经一处长有龙脑树的地方，并将所见所闻记载在了他的《伊

龙脑树丛生的原始森林
（婆罗洲的蓝比尔山国家
公园），图片来源：森林
综合研究所

本·巴图塔游记》一书中。

龙脑自龙脑树枝干内部长出，人们为了得到它，会做出一些不可思议的行为，例如在树下供奉动物，人们甚至觉得如果不这么做，这棵树就长不出龙脑。尤其是要获得上乘的龙脑，甚至要以人作贡品，据说也可以用小象代替人[4]。

伊本·巴图塔通常只记录自己亲眼所见的事，因此将家畜等动物作为贡品祭祀龙脑树的习俗应该是事实。不进行这样的祭祀当然也能得到龙脑。在如今的苏门答腊岛，采摘龙脑的工人们对森林仍有着深深的敬意，采摘时会非常注意自己的言行。

据说这是为了避免因不当的语言激怒赐予他们宝贵资源的森林。近年来龙脑树多是作为胶合板的原料，遭人们大量采伐，并出口到日本等国。现在世界自然保护联盟已将龙脑树纳入濒危物种红色名录，天然龙脑已经很少出现在市场上了。

如今地球环境不断遭到破坏，人们的确应当学习龙脑采摘者们对自然的敬畏。

文学与香：《古今和歌集》《仲夏夜之梦》

本章通过玄宗与龙脑的故事，说明了人类能够通过香气唤醒对过去的记忆。在日本，距今1000多年前，就有因为香气而忆起分离的恋人的歌谣。

五月橘花开，花香思旧侣，好似伊人袖底香（佚名）

这里的橘花是指初夏盛开的一种白色小花，是日本唯一原产的柑橘类植物，生长在日本的本州、四国、九州等气候温暖的地方。笔者虽未闻过诗歌中橘花的花香，但记得与这相似的温州橘的花香，那是种酸中略带着苦涩的味道，特色鲜明。

"要是有种香气，能让恋情顺利发展，那该……"大家是否有过这样的想法呢？只是闻一闻香气就能平复自己激动的情绪；只是散发着那香气就能让喜欢的人望向自己，这该有多好啊！

英国著名剧作家、诗人莎士比亚的《仲夏夜之梦》，讲述了穿越精灵世界与人界的奇幻爱情喜剧。在这本书中，有种神奇的花汁，只要将这花汁滴在睡着的爱人眼睛上，他醒来就会狂热地爱上第一眼看到的人或动物。在第二幕中有这样一个情节，精灵将这花汁滴在了一位人间男子的眼睛上，他便疯狂地爱上了一位对他单相思的女子。

> 一位美丽的少女见弃于情人，
>
> 若见那薄情男子在她近前，
>
> 便将龙汁轻轻滴入他的眼中，
>
> 他身着雅典人的服饰，万不可弄错，
>
> 小心执行我的吩咐，
>
> 让他万般柔情均付于那第一眼所见的美丽少女。

（《仲夏夜之梦》，莎士比亚）

这花汁是由野生三色堇制成。我们在花店、公园看到的三色堇大多没有什么香气，但野生三色堇，一旦将它的花、叶、根茎一起捣碎，就会散发出浓浓的杏仁香，就是日本人常吃的杏仁豆腐的香气。但这不过是在莎翁作品中才有的魔法，野生三色堇也好、杏仁豆腐也好，在现实生活中可没有这样的功效。

第三章

跨越时代的香气——
令天下霸主沉醉的名香
之谜

兰奢待——令一统天下的织田信长无比渴望的香木，被誉为"天下第一名香"的正仓院宝物。

在这香木上除了信长之外，还留有足利义政、明治天皇等多位当权者切取香木的痕迹。

这究竟有何含义？

从室町时代到明治时代，400年时光流转，不变的是当权者对这名香的执迷。

本章将带大家一起走进兰奢待隐藏的秘密。

织田信长（1534—1582）

◎兰奢待之谜

兰奢待究竟是何物？

正仓院陈列的宝物之一兰奢待属于沉香类香木。兰奢待的正式名称是黄熟香，至于"兰奢待"这一名称的由来，以及为何会收藏于正仓院，至今仍是谜团。一说称"蘭奢待"几个字中分别隐藏着"東大寺"三个字，收藏在正仓院至少有 800 年以上的历史了。

何为天下第一的名香？

人称天下第一的名香兰奢待，究竟是一种什么样的香气

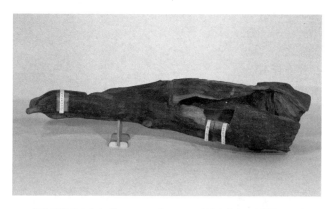

黄熟香[1]（兰奢待），长156cm，重11.6kg。产地为越南至老挝的山岳地区，现藏于日本宫内厅

呢？明治天皇在明治十年（1877），参拜奈良的春日大社，沿途去了正仓院，随后便命令引路者将割取的兰奢待送往自己的行宫（当时东大寺的东南院）焚烧使用。在《明治天皇纪》中记载有"熏烟芬芳满行宫"[2]，翻译成现代文就是"行宫室内满是芬芳的气息"。此外，考古学家蜷川式胤在明治五年（1872）调查正仓院宝物，在他的日记中有过这样的记录："兰奢待香气轻盈通透，淡而清新。"[3]

　　虽然对香的评价因人而异，但从以上为数不多的"证言"也足以看出，兰奢待是种特别的香料。

兰奢待之诸谜团

在兰奢待香木的切口处放着三张纸签，分别记载着足利义政、织田信长、明治天皇三位风云人物切取兰奢待的记录。

足利义政　宽正六年（1465）九月二十四日　见正仓院之宝物，割取领受兰奢待。

织田信长　天正二年（1574）三月二十八日　过奈良多闻山城，取兰奢待。

明治天皇　明治十年（1877）二月九日　驾临正仓院，见此宝物，切取之。[4]

贴着明治天皇、织田信长、足利义正切取兰奢待时的封签，现藏于日本宫内厅

哪怕是一统天下的将军，要打开正仓院，都必须有天皇的敕准才行，这在正仓院启封记录里也有记载，切取兰奢待的记录上仅有这三人的名字。

兰奢待原本就是与皇室密切相关的宝物，因此明治天皇切取香木的用意与义政、信长两位将军自不相同。除皇室家族外，最先切取兰奢待的是足利义政，他是东山文化与香道的奠基人，对政治毫不关心。义政切取兰奢待，与其将军身份并无关系，人们认为这很可能是他作为文化人的个人行为。但关于织田信长割取兰奢待的理由，至今还留有许多谜团未能解开。本章将为大家分析兰奢待与织田信长之间剪不断理还乱的联系，从而走近这其中的真相。

要点解说：纸签与切取痕迹之谜

兰奢待上至今仍留有关于足利义政、织田信长的纸签，这些纸签究竟是何人在何时书写的呢？明治五年，蜷川式胤、町田久成（后为东京国立博物馆的首位馆长）两位考古学家调查了正仓院的宝物，根据他们拍摄的照片可以判断，当时的兰奢待上并没有义政或是信长的纸签。

笔者推测，明治十年二月，明治天皇切取兰奢待时，正仓院负责宝物管理的工作人员为了区分明治天皇与织田信长、足利义政切取兰奢待的记录，同时摆放了三张便签。但难以理解的是，在正仓院的启封记录上明确记载着，这块儿兰奢待有 38 处以上的切取痕迹⁵。这些痕迹又是谁留下的呢？有人说是德川家康等人所为，其中真相至今仍是未解之谜。

◎兰奢待与信长之谜

在本节中，笔者将为大家一一揭开有关兰奢待与织田信长之间的谜团。

织田信长之谜？

元龟四年（1573），室町幕府灭亡，织田信长君临天下仅 8 个月便开启正仓院，切取了兰奢待。正仓院的启封记录中记载：

织田信长天正二年（1574）三月二十八日　命人将兰奢待运至奈良多闻山城，切取用之。

信长为何如此急切地想要得到兰奢待？要找到与此相关的线索，得从正仓院东大寺僧人净实（曾任奈良东大寺年预①一职）

---

① 在寺院管理杂务的中级僧官。

说起。在他的手记《天正二年载香记》⁶中详细记录了织田信长切取兰奢待的整个过程，从最初命令家臣前往东大寺索香，到切取兰奢待前后的具体情况均有记录。下面就让我们一起来看看这其中原委。

信长切取兰奢待五天之前

天正二年三月二十三日　奈良　东大寺

"织田信长要来了！"日暮时分，东大寺的僧侣们听到了这一消息，一时间，整个寺院都陷入了恐惧之中。

当日巳时（上午10点左右），织田信长的家臣塙九郎卫门与筒井顺庆带领100多名武士突然到访。

"信长大人说他想看看你们正仓院的兰奢待，不知可否？"来人说道。

来意转达完毕，即刻要求我们当晚必须给出答复。

得知这一消息，寺院上下老少僧人集聚，赶忙商讨对策。距上次正仓院启封已有108年之久，那次是因足利义政切取兰奢待。凡有关正仓院之事，都必须有天皇的敕准，且我等僧人也不懂启封仪式的规矩和具体情况。

不过，这次来的可是火攻比叡山的织田信长！随意敷衍拒绝他的话，不仅寺院安危堪忧，恐还会殃及性命啊。

众人你一言我一语，还没商量出对策，门外已屡次传来筒井顺庆手下人的催促声："劳驾！你们快些给个答复。"

　　每听到这样的催促，一众僧人就越发紧张，大家都明白必须尽快作出回应。

　　话虽如此，但若在此时答应开启正仓院，会严重损害东大寺的威严。

　　究竟该如何回应信长的要求呢，僧人们焦急得一直商讨到天黑。

　　就在此时，"劳驾！该给答复了吧！"这次的催促声里满是怒气。

　　瞬间，一众僧人恐慌至极。

　　以上内容是笔者根据净实和尚手记想象出的画面，为的是给大家再现当时的情景。手记中甚至出现了"十分火急""老少均吓得面色赤红"等描写，僧人们急得面色赤红，可见他们当时是何等狼狈。那么后来，东大寺的僧侣们究竟怎么样了呢？

　　在净实的手记中这样写道：僧侣们商量决定，先应下信长的要求，但提出正仓院从未有过突然启封的先例，启封需要天皇的敕准以及启封仪式，如不遵从这些规矩，兰奢待就会失去它的威力，并且信长还会因为无知为世人所耻笑。借此，净实提议：信长将军刚一统天下，无比繁忙，启封正仓院的时机宜改为明年春天。

　　塙与筒井等人听从了僧人们的建议，率领一众人马撤回了京都。谁知僧人们辛苦想出的对策很快就被推翻了。

信长切取兰奢待前一日

天正二年三月二十七日　奈良　多闻山城

僧侣们给出答复的第四日，信长亲自率领一众家臣前往奈良。这令以净实为首的东大寺僧侣再次惊慌失措。作为东大寺的僧官，净实赶忙出门迎接。信长说道："明日我想要一睹兰奢待的风采，但我本人亲自前来恐引起世间骚乱，故将派人来取，送至多闻山城。"此时大家还不知，在塙、筒井二人回城禀报之时，信长便向正亲町天皇讨要了敕许，随后便赶来奈良。

信长切取兰奢待当日

天正三年三月二十八日　奈良　东大寺　正仓院　多闻山城

最终还是迎来了信长切取兰奢待的日子。

辰时（上午 8 点左右）信长派织田御房带领塙、筒井等 48 位家臣来到东大寺。在信长家臣及东大寺僧人们的全程护卫下，启封仪式正式开始，场面庄严肃穆。特意从京都赶来的天皇敕使担任整场活动的主持，至此正仓院尘封了 108 年又 185 天的大门再次开启。启封仪式结束后，兰奢待被运往多闻山城，织田信长早已等候多时。在多闻山城，信长率领一众家臣及僧人观礼了兰奢待的切取过程。平日里负责建造佛像的大佛师亲自操刀，切取了两块宝贵的兰奢待（各一寸的四方形），一块献

信长取香图（出自《绘本石山军记》，
现藏于日本国立国会图书馆）

61

给天皇，一块信长留用。切取完毕信长即刻命人将兰奢待送还
正仓院。至此，这块旷世奇香又一次进入长眠。

信长切取兰奢待之背景——为取宝香不惜重金

以织田信长为代表，战国时代的武将们终日奋战于疆场之
上，时常面对死亡的威胁。对他们而言，茶道、香道的世界，
不仅能释放心中对死亡的恐惧，还能够帮助其重振精神。在这
样的时代背景下，茶道鼻祖千利休、津田宗及等人创建的茶道
风靡一时，香也作为技艺之道为人们所认可。一时间，鉴赏、
享用香气的香道盛行开来。尤其是产地不在日本的奇楠香等名
贵沉香更是受到人们的追捧，能够拥有名贵的香木本身已成为

身份地位的象征。

这对于将军织田信长也不例外，因此，正仓院珍藏的兰奢待自然成了他憧憬的对象。在人们心中织田信长是位非比寻常的战国枭雄。这位平定天下，执掌大权的将军，可以说"但凡是他想要的东西，那必定是唾手可得"，就算完全无视正仓院的启封禁令也并不奇怪，这一点通过净实的手记也能略知一二，然而信长却并未那样做，这其中暗藏着信长不为人知的另一面。

事实上，信长不仅听从了东大寺的建议，并且整个切取过程，完全遵照正仓院的习俗进行。在他前往奈良之前，已将切取兰奢待一事奏请正亲町天皇，并拿到了天皇亲批的获准令。值得注意的是，他切取的两块兰奢待无论尺寸（均为四方一寸）还是用途（一块进献天皇、一块留作自用）都与108年前足利义政切取时的情况一模一样。也就是说，织田信长不仅完全按照正仓院的习俗，就连切取的尺寸甚至操作礼法也都仿照前人实施。

东大寺有一惯例，凡是完成了这类重大任务，就会举办庆功宴犒劳相关人员。由于信长切取兰奢待事出紧急，当时并没有举办这样的庆功宴。正当大家为此遗憾不已之时，谁知信长竟然派人送来重金酬谢，感谢为此事前后忙碌的人们，此举获得众人赞赏。据说后来人们用这笔酬金举办了盛大的庆功宴。向来都是顺我者昌逆我者亡的战国枭雄，却也有如此体贴的一面。

那么信长是否尽情享用了那块兰奢待呢？事实上，并没有任何有关信长享用兰奢待的记载。据说就在切取兰奢待的第六天（四月三日），京都相国寺举办了盛大的茶会，织田信长特意邀请千利休、津田宗及两位著名茶人参会，并将切取的兰奢待一分为二赠予两人，就连切割时的碎片也赐予了家臣村井贞胜。也就是说信长不但没有享用兰奢待，更没有将它作为权力的象征留在身边，而是丝毫不剩地分给了别人。既然如此，那他为何要在一统天下之后急着切取兰奢待呢？

织田信长的真正目的究竟是什么呢？这成为他与兰奢待之间的不解谜团。

要点解说：何为正仓院启封仪式？

东大寺由圣武天皇创建，正仓院坐落于寺院之中，其中收藏了众多宝物，多是与圣武天皇相关，甚至有途经丝绸之路从遥远的波斯传入日本的乐器、服饰乃至药品。为了更好地保护这些珍宝，正仓院自建成以来便是一座被封印的宝库，戒备森严，没有天皇敕令任何人不得随意开启。凡要开启正仓院的大门，一定要举行启封仪式，仪式须有天皇亲派的敕使及一众官员出席，整个过程需要按照自古流传下来的惯例执行。尤其是关闭正仓院的封印过程，甚至有记载"那是秘

正前方从左向右分别是北仓、中仓、南仓[7]，如今兰奢待保存在 1962 年建造的宝西库（钢筋混凝土结构）

传，不可明言"[8]。开关正仓院的仪式作为机密，只有特定的人才能参加。正因如此，才会有前文中提的东大寺僧人净实，因织田信长强行取香万分为难的故事。

◎信长真正的目的

从这里开始，我们将要揭开纠缠在织田信长与兰奢待之间的谜团。

有关织田信长截取兰奢待一事，不仅留有正仓院的记录，还有东大寺僧人净实手记中的记载，那么为何会留下这么多的记录呢？笔者推测，这多半是织田信长为了让天下人知道自己已成为新的霸主，才有意将切取兰奢待之事广为传播。

信长此次取香，距足利义政切取兰奢待已有 108 年之久，这在当时社会产生了极大的影响。正因如此，他才会严格按照正仓院的惯例操办整个取香活动。并在其后，向东大寺支付重金以得到世人的瞩目。织田信长希望以此向世人展示自己与天皇的关系，以及自己正是最适合成为新时代君主的人。并想要借此更进一步巩固自己与当时的经济中心——大阪堺市的关系。

织田信长之所以将兰奢待赠给了著名茶人千利休、津田宗及，不仅因为他们在茶道方面极具影响力，同时也是因为他们是影响堺市经济的核心人物。一切正如织田信长预想的那样，切取兰奢待是从政治、经济两个方面，向全天下人昭告：织田信长这位新时代的霸主隆重登场。

至此，笔者以自己的视角，为大家揭开了织田信长与兰奢待之间的谜团。希望能让读者们从中感受到，隐藏在兰奢待当中的织田信长的良苦用心。最后让我们再次审视兰奢待上的三枚纸签，重新感受这历史的转折点。

· 足利义政　宽正六年（1465）九月二十四日　开启乱世

这一年足利义政的正室日野富子产下一子，应仁之乱一触即发。

· 织田信长　天正二年（1574）三月二十八日　天下之主诞生

室町幕府灭亡，开启织田信长一统天下的时代。

·明治天皇　明治十年（1877）二月九日　近代国家的开端（武士时代的终结）

兰奢待原本就与皇室有着密切的关联，因此似乎没有必要解释天皇切取兰奢待的缘由。但明治10年明治天皇取香的背景比较特殊，当时面临西南战争引发的士族内乱，处于武士时代终结，近代国家之初始的明治政权，或许是想通过切取兰奢待，向世人展示其步入了新的时代。

我们虽不曾感受过兰奢待的魅力，然而，无论到了什么时代，藏于正仓院的兰奢待总能勾起人们的无限遐想。

◎之后的秘话

兰奢待与千利休

前文为大家介绍过，织田信长邀请千利休参加茶会，并将切取的兰奢待赐给了他，千利休又是如何使用兰奢待的呢？一本据说成书于江户时代元禄年间（1688—1704）的关于千利休的秘传书流传于世，书名《南方录》，其中留有相关记载。

相传当时每年冬夏都会举办盛大的茶会，冬季举办两到三回，夏季则举办一到两回，人们甚至将其世代相传。

　　与千利休同时从信长那里分得兰奢待的还有一位名叫津田宗及的茶人。一日拂晓时分，正下着雪，宗及兴起决定去千利休家拜访。当他来到千利休家门前时，发现大门微开，院里早已摆放好了茶具，像是在恭候他的到来。

　　于是他推门走进院里，向利休家仆说明了来意，就在落座等候时，宗及闻到了院里残留的阵阵清香，他一下认出这正是兰奢待的香气，便向利休讨要，想一品兰奢待的残香，利休将香炉递给他。此时，一旁的侧门（供茶人出入的偏门，仅半人高）传来响声。

　　利休对身旁的宗及说道："应该是吩咐去醍之井取水的人回来了，咱们把这壶中的水换了吧。"

　　醍之井在当时颇具盛名，其中井水被誉为"天下名水"，如今，人们仍将其作为京都名水使用。利休府上修有专供饮茶取水的深井，但他却特意派人赶往距家6公里以上的醍之井取水，为此，取水之人甚至要天不亮就踏着铺满积雪的道

千利休（1522—1591）

津田宗及（生年不详—1591）

路出行。

　　利休提起水壶换上新水，此时一旁的宗及注意到茶炉火势渐弱，需要添加炭火。当利休换水回来时发现宗及早已帮他将炉火添旺，便说道："刚去换水时就觉得炉火要添些炭了，心里想着又要麻烦，谁知您已经帮忙加了炭，真是省去不少麻烦。"为此利休感动不已，接着说道："正是遇到了如您一般的客人，在这种天气里烧水沏茶才变得有了意义。"

　　与天下无双的名香兰奢待交相辉映，两位载入史册的著名茶人为我们带来了一出精彩的茶会故事。

要点解说：千利休的香炉

　　据说，千利休与津田宗及之所以能从织田信长那里分得兰奢待，原因之一是二人均拥有驰名天下的名贵香炉。这究竟是怎样的香炉呢，下面让我们一睹它的风貌。

青瓷香炉铭千鸟

在诸多传说中有这么一则故事，相传千利休拥有一只名为"铭千鸟"的青瓷香炉，这只香炉有个三脚炉架，一天利休的妻子宗恩说，觉得这炉架又高又丑。利休答道，他也觉得不好看，于是找来专门修香炉的工匠，将香炉的炉架削掉了1分（约3毫米）。

利休平日里常说，如此的名贵香炉，一定要有名香与之相配。这只香炉曾是丰臣秀吉所有，相传赫赫有名的盗贼石川五右卫门，一日潜入伏见城想要暗杀丰臣秀吉，危急时刻，秀吉枕边香炉盖上的鸻鸟突然发出啾啾的啼叫声，五右卫门因此被一举擒获。

兴趣小知识：香木之香（其一）

香木与香道的历史

下面为大家简单介绍一下香木与香道的历史。

日本第一次出现香木是在公元 595 年，据说是沿海漂流至淡路岛被发现的。此后通过使节进贡、贸易交流等手段，香木由大陆国家传入日本，在佛教仪式中广为使用。平安时代，王宫贵族们将香作为修养的象征，品香文化风靡一时。当时盛行着一种名为"香薰赛"的游戏，人们调配各自独有的香料（练香），

闻香
在香炉灰中埋着的炭火叫作炭团，
用炭团焚烧香木，便能品闻从香炉
中飘出的淡淡清香

通过焚香比拼香的优劣，《源氏物语》中就有与此相关的故事。镰仓时代，武士阶层崛起，品香的形式也由过去的焚香，演变为细细品味香木的香气。一种叫作"组香"的辨香游戏很快在武士中兴起，人们找来各类香木，在香席上比赛辨别各种香气的异同。为了享受不同香木带来的乐趣，甚至按照礼法备齐了道具。到了东山文化时代，品香正式成为一种技艺，"香道"就此成立。

香道逐渐由"嗅"发展到"品"，形成一套固定的礼法，由鉴赏香木的闻香与辨别香气的组香两类构成。作为香道基石的两大流派"御家流""志野流"

至今仍严守当时的传统礼法。

香道中辨别沉香的方法

香道里所说的香木一般专指沉香，沉香因其树脂沉淀部分较重，入水即沉而得名。树脂经过长时间凝结风干形成沉香，按所含树脂量的多少，沉香分为以下 6 种：

伽罗	越南产（最上品）
罗国	泰国、缅甸产
真那贺	马六甲地区产
真南蛮	印度产
佐曾罗	印度产
寸门多罗	印度尼西亚苏门答腊岛产

※ 关于产地，因专家或研究者不同，会存在一些差异。

在香道中沉香的气味特征可分为五味：辛（辣）、甘（甜）、酸、咸、苦。

六类不同产地（六国）、五种不同香味（五味）合称为六国五味。上等伽罗香通常会有两种以上的香气，而兰奢待却有着五种香气。

兴趣小知识：香木之香（其二）

江户时代因伽罗香倾家荡产的夫妻

据说，德川家康喜欢四处收集伽罗等香木，称得上是位香木爱好者。江户时代，提到伽罗香，别说是平民百姓，就连将军大名也很难得到这样名贵的宝物。因此，在江户时代人们将最高级的日用品称为"伽罗木屐"；将有名的美妇女称为"伽罗美女"。

看完下面这个故事，大家就会知道，伽罗在当时是何等名贵。

1681年（天和元年）5月8日，江户幕府第5代将军德川纲吉初次前往上野的宽永寺祭拜亡灵，沿途忽闻路边飘来一阵伽罗香气，立刻命手下去一探究竟，原来是从下谷广小路（现在的上野广小路）的裁缝店飘来的香气。这家裁缝店，是大地主石川六兵卫为了参观纲吉将军的参拜队列而借用的。石川六兵卫是当地有名的富豪，他们夫妻二人身着华服，享受着伽罗的香气，在此悠闲度日。

就连大奥都求而不得的伽罗香，这些普通町人却在大肆焚烧享用，甚至纲吉自己都成了他们观赏的对象，得知此事他勃然大怒，立刻下令将石川六兵卫抓去问罪，控诉他身为普通町人却奢华无度。最终没收了夫妇二人的土地、房屋等所有财产，并将他们赶出了江户町。话说回来，坐在轿子里的纲吉只是路过，都能闻到这股香气，可见六兵卫夫妇用起伽罗香来是何等的奢侈。

如此名贵的伽罗沉香在江户时代究竟有多贵呢？

江户初期的1614年（庆长十九年），长崎的荷兰商行员工在堺市的销售报告上写着如下内容。

·伽罗　上品每斤250钱（相当于600克约55万日元）

·其他沉香　上品每斤80钱（相当于600克约17.5万日元[9]）

（这些伽罗等沉香都是从现在的越南北部或中国进口的。）

要点解说：大奥与香道

深藏于江户城的大奥也十分盛行香道，一种名为"十种香"的游戏曾风靡一时，游戏内容为比赛品闻识别香气。相传，大奥进行闻香活动时，人人闭口不语，甚至立下了不随意走动、禁止穿着皮质衣物等8项规则[10]。

当时，不仅是大奥、武士之间盛行香道，从东北地区到西日本的四国、九州等地，可以说香道遍及整

个日本，就连偏远的乡村也开始流行。更让人为之惊
讶的是，在江户甚至有专门传授香道入门知识的私
塾，从小就开始为孩子们教授香道知识。

文学与香："美丽而又幻灭的艺术"（中井英夫）

香道中沉香的气味特征可分为五种不同的味道，分别是辛、
甘、酸、咸、苦。按所含树脂成分的多少可分为伽罗、罗国、
真那贺、真南蛮、佐曾罗、寸门多罗六种类型，这就是前文提
到的六国五味。然而，想要用文字表现香气却是非常困难的，
尤其是表现沉香香气的文学作品更是少之甚少。中井英夫有篇
文章却完美地展现出沉香香气与香道的世界。下面就为大家介
绍其中的一段内容。

> 伽罗。其中某种酸甜的气息，虽只是隐约可闻，
> 但却高贵沉静，令人难以忘怀。
>
> 真南蛮。它的幽香宛若少女踌躇的脚步，漂浮摇
> 曳，却又清晰可见。……这是我生平头一次手捧闻香炉，
> 将脸颊微微靠近炉里升腾起的熏香时留下的印象。[11]
>
> （《中井英夫作品集Ⅱ 幻视》）

伽罗香是一种罕见的香气，中井英夫在这部作品中将它表

现为"某种酸甜的气息"。笔者初次品识伽罗，将所有注意力都集中在嗅觉上，只觉那闻香炉里传来阵阵浓郁的香甜气息，瞬间整个人都感觉无比惬意，这种愉快的感觉至今记忆犹新。

这究竟是因它贵为伽罗才让人感觉特殊，还是它本身就具有如此神奇的功效呢？答案不得而知。但唯一可以确定的是，品香那一刻感受到的幸福千真万确。

第四章

漂浮在海上的
香之王者——
龙涎香的
故事

龙涎香被称为香之王者。也许就在此刻，它正漂浮在某处广阔的海面上。虽然世界各地的海岸边都曾发现过龙涎香，但直到 100 多年前，人们对这种散发着香气的神秘漂流物依然一知半解。然而，这并不影响人们四处寻找龙涎香的踪迹。发现了龙涎香就宛如捡到黄金，能够换得一笔巨款。

◎谜一样的香之王者

接下来的故事发生在有着 300 多年历史的日本石垣岛上。

一天，晴空万里的石垣岛上，阳光照耀着雪白的沙滩，有位农夫正在散步，岸边一大块灰色的物体引起了他的注意。

走近一看，这东西竟比装满米的麻袋还要大上一倍，且散发着阵阵奇妙的香气。

男子突然对着湛蓝的天空，高举双手大声喊起来。

"龙粪！我终于找到龙粪了！"

农夫的惊喜不无道理，这块神奇的东西，在当时的琉球被称为龙粪，但凡找到龙粪交至官府，便能根据分量大小获得不同奖赏。

农夫立刻找来一辆大车，将龙粪运往官府。

官府里的差人称了这块龙粪的重量，竟足有 162 斤又 130 钱重（约 100 公斤），随后给了农夫将近 40 石（约 6 吨[1]）的小米作为奖赏。

这个故事源自 1704 年 2 月 9 日琉球王府府衙的记录，其中加入了笔者的想象。话说，这龙粪究竟是什么呢？

没错，这正是被称为香之王者的龙涎香。

何为龙涎香？

龙涎香的英语是 ambergris，该词来自法语中表示"灰色琥珀"之意的 ambre gris 一词。江户时代的日本称其为龙粪，古代中国认为这种香是龙的口涎凝结而成的，受中国影响，日本也将它称为龙涎香。龙涎香自古以来就是极其神秘又稀有的香料，与黄金价值相等。

虽然说法不一，但人们普遍认为，对龙涎香的使用最早可追溯到 7 世纪初，阿拉伯人将其作为治病的药物。随后，龙涎香通过阿拉伯商人传到了欧洲及中国大陆。作为香料，它能够让香水持久耐用，受到了世界各国的珍视。

据说发现龙涎香的地点，多是在阿拉伯海，以及东非、新西兰等地的海岸，但真相究竟如何，很长一段时间都被种种谜团包围。17 至 18 世纪，欧洲学者们曾经认为，龙涎香是从海

抹香鲸

底泉水中涌出的物质，还有学者认为它是生长在海岸边的蜜蜂产出的蜂蜜及蜂蜡因受太阳照射，溶入海水后凝结而成。但当人们敲碎龙涎香才发现，里面居然有乌贼或章鱼的喙骨。如今人们已经知道，龙涎香其实是抹香鲸因胃或肠道受伤形成的一种结石。

只不过，为何只有抹香鲸才会长出这样的结石呢？这至今仍是一个谜。19 至 20 世纪整个世界盛行商业捕鲸，人们偶尔会从捕获的抹香鲸体内直接获得龙涎香。

但在当时能卖上好价格的并不是通过捕鲸从鲸体内获取的龙涎香，而是抹香鲸直接排出体外，经历了海上的漂流以及日光的照射，有着独特香气的龙涎香。从颜色来说，带有青色、黄色的为上乘品质，由青黄色逐渐变为灰色的则是最高品质。

龙涎香的香气

据说龙涎香的香气自古就受到阿拉伯人的喜爱，曾有人将它比喻为"恋人口中的芬芳"。它实际的香气，会因状况不同而有所差异。一块长时间漂流在海上的上等龙涎香，会因闻的人不同，闻到的香气也各不相同。有人认为它有线香的余香，也有人认为是从未闻到过的、妙不可言的香气。

笔者曾闻过一种龙涎香，略带有明治时期日式房屋壁龛里古旧的气息，有着令人熟悉、亲切，似曾相识的感觉。

因香暴富的人们

在本章的开头部分，曾为大家介绍过石垣岛农夫的故事，像农夫这样因龙涎香获得巨额财富的传说，不仅发生在日本，整个世界都有各种不同版本的寻香暴富的故事。历史上留有这样的记载，1693 年，印度尼西亚摩鹿加群岛的蒂多雷岛国王，曾将 92 公斤的巨型龙涎香以 1.1 万塔勒 [2]（塔勒为 17—18 世纪通用于欧洲各地的银币，1.1 万塔勒约合 300 万—350 万元人民币）的价格，卖给了荷兰东印度公司。近年在世界各地的海岸，偶然发现龙涎香的人们都因此获得了巨额财富。下面笔者将为大家介绍几个在过去 100 年间人们发现龙涎香并换得高额利益的故事。

88 千克龙涎香

1928 年，新西兰

三位男子曾在新西兰南岛的沙滩上发现一块重达 85 千克的龙涎香。随后法国某家香水公司，以市值 8000 英镑的价格收购了这块龙涎香。三人中的两人，用这笔巨额财富作为本钱当上了农场主。

2006 年，澳大利亚

一对在澳大利亚海滩散步的情侣，发现了一块重达 32 磅（约 14.5 千克），价值至少 29.5 万美元的龙涎香。

2013 年，英国

一位男子与爱犬在沙滩散步时，发现了一块 6 磅（约 2.7 千克）重的龙涎香，据说价值 18 万美元。

如今，因商业捕鲸遭到禁止，龙涎香越发难求，在欧美人们甚至将它称为"floating golden"，即"漂浮的金子"。

※2006 年和 2013 年的价值均按当时市值折算。

一千年以前，人们曾骑着骆驼在月光照亮的沙滩寻找龙涎香

前文中介绍过，曾有人在沙滩上散步时偶然发现了龙涎香。相传在距今 1000 多年前的 9 至 10 世纪，居住在阿拉伯半岛南部海岸附近的人，会在夜晚趁着月光，骑着骆驼寻找龙涎香。这些骆驼经过了特殊的训练，能够闻出龙涎香的香气，每当发现龙涎香，便会屈膝跪下，以此告知骑在背上的主人。

如镜满月照耀着阿拉伯的海面，月光下漫步的骆驼身影，光想象这画面就充满了浪漫的情调。

当心赝品龙涎香！？

9 世纪之后随着龙涎香需求不断增大，阿拉伯市场上出现了大量的伪造品。据说这些伪造品，有的是用抹香鲸肠子，加入与龙涎香类似的香料制作而成；有的是用别的鱼身上的某个部位制作而成。10 世纪，随着龙涎香价格不断攀升，甚至有人因伪造龙涎香而得名。要鉴别这些伪造的龙涎香，可以削下少量香块，放在加热的铁板上燃烧，通过腾起的烟气的香味便能够判断真伪。此外，真正的龙涎香燃尽后香灰极少，香灰越少越是上品。

马可波罗也懂龙涎香！？

威尼斯著名商人、冒险家马可·波罗在13世纪末期，就已经知道了龙涎香。在其所著的《马可·波罗游记》第一章，就记载了人们在阿拉伯海索科特拉岛上进行的捕鲸活动，以及龙涎香的相关内容。

在这座岛能够找到许多龙涎香，这些龙涎香都来自深海抹香鲸的腹中。岛上的渔夫将捕获的金枪鱼加盐发酵做成鱼饵，再将这些鱼饵装上小船，驾船出海。将浸满鱼饵的布头扔进大海，引诱抹香鲸，一旦抹香鲸吃下鱼饵，会像人喝了红酒一样醉酒。渔夫趁此机会用渔叉猛刺抹香鲸的头部。鱼

马可·波罗（1254—1324）

叉上绑有好些小桶一样的鱼漂，这样做是为了防止抹香鲸逃回大海。无论抹香鲸怎样挣脱都会被鱼漂带回海面，这样反复多次抹香鲸最终会因体力不支死掉。渔夫会将抹香鲸的尸体绑在小船上运往最近的港口卖掉。在这些抹香鲸的肚子里偶尔能够发现龙涎香。[3]

江户时代的日本又是怎样呢？

江户时代的日本称龙涎香为龙粪，官府文书记为鲸粪，因此一部分人认为这是鲸鱼的排泄物。丰前（旧国名）小仓藩的第一代藩主细川忠兴，在 1616 年寄给土佐（旧国名）山内忠义的信上这样写道："龙涎（龙涎香）即为鲸鱼之粪[4]"。日本高知、和歌山等地的海岸也曾发现过龙涎香，但发现最多的还是在冲绳，人们将龙涎香视为包治百病、长生不老的灵药。

江户时代的琉球国更是将包括龙涎香在内的所有海上漂来的物品均称为"寄物"，要由官府统一保管并严加管理。这是因为当时的琉球国受制于江户幕府的锁国、禁止基督教等政策管理，会有幕府的官员定期巡视，无论发现任何物品都要以书面形式上报官府。

这当中就有关于龙涎香的严格规定，要求任何人一旦发现龙涎香务必在七日内上报官府，严禁隐瞒违背官府私自买卖龙涎香。本章开头的那位农夫之所以能获得官府奖励，正是官府为了防止人们私下交易龙涎香而想出的对策。

琉球国与其统治的萨摩藩签订有交换条件，这些四处搜集的龙涎香，多半被运往了萨摩。

1628 年，琉球国公文上记载着如下条文：

（白鲸粪）每 1 斤（600 克）可换得大米五石（750 千克）
（黑鲸粪）每 1 斤（600 克）可换得大米五斗（75 千克[5]）

通过这些记录可以看出，白色的"鲸鱼粪"，比黑色的"鲸鱼粪"贵了整整十倍。萨摩藩将这些龙涎香作为进贡武家将军的贡品，或是通过长崎港将它们出口到海外。这在社会各界引起了不小的反响，不仅是日本国内，来自欧洲的商人们，也纷纷开始关注这物美价廉的龙涎香。

江户初期，英国航海家、贸易家威廉·亚当斯的商船来到日本，船员理查德·威克姆在 1614 年 11 月寄给平户英国商馆馆长科克斯的报告中这样写道："琉球存有大量品质上乘的龙涎香，不仅品质上乘且价格低廉"。

以上都发生在锁国政策实施之前，在日本的欧洲商人们已经意识到，这些龙涎香是不可多得的宝物，如果将其带回自己的国家，便能够获得巨额财富。并且，琉球产出的龙涎香不用担心其真伪，这也是它受到人们青睐的原因之一。

要点解说：除龙涎香以外的其他动物性香料

除龙涎香外还有以下三种动物性香料。这些香料都能够持久留香，主要用作定香剂。

· 麝香鹿　每头鹿一生仅能取一次香，其香料称为麝香（musk），是割取麝香鹿下腹部香囊，干燥后制成的。

· 海狸　每只海狸一生仅能取一次香，其香料称为海狸香（castoreum），是切取海狸肛门附近香囊，干燥后制成的。

麝香鹿

海狸

灵猫

· 灵猫　可在一定周期内反复取香。其香料称为灵猫香（civet），是从生活在埃塞俄比亚的灵猫香囊中提炼的蜡状膏体。动物中只有灵猫能够反复提取香料。每隔 9—15 天就可取一次香，一只灵猫最多能产出 300—360 克灵猫香。[6]

《华盛顿公约》中明确将抹香鲸指定为濒危物种，禁止商业捕杀，麝香鹿的捕杀也被禁止。因此人们现在使用的主要是通过化学合成制造的动物性香料替代品。

兴趣小知识：龙涎香

龙涎香曾作为甜点等食物的香料广为使用。1000 多年前，阿拉伯地区的果子露；350 多年前，英国制作的世界上第一个冰激凌配方，都使用了这一香料。

沙巴特——一千年前的果子露，竟有龙涎香的味道？！

沙巴特（sharbat）是在水果中加入砂糖后，用冰块或雪冷却制成的阿拉伯甜点。在终年酷热的地区，人们会在甜点中加入第二章提到过的龙脑，以此替代冰块，增加食物的清凉口感。

其制作方法是，将葡萄、桑葚以及应季水果放入容器内，加入砂糖搅拌均匀，之后加入适量龙涎香、玫瑰水、藏红花等香料添加香气。最后连同容器一起放入冰块或雪中冷藏（或加入少量龙脑）即可。

沙巴特经丝绸之路传入中国后，汉字音译为"舍里八"。相传蒙古国第五代皇帝忽必烈（1215—1294）痴爱这一美味。他曾下令将制作沙巴特的医师晋升为军官，并且禁止在皇室以外制作沙巴特。

龙涎香风味的冰激凌——世界最为古老的冰激凌配方

有说法认为世界上最早的奶制品冰激凌制作配方出自1665年英国贵族女性安妮·范肖（Anne Fanshawe）手写的一本烹饪食谱。

范肖制作的冰激凌为砖块状，为了给冰激凌提香，制作中加入了橙子花蒸馏水、肉豆蔻皮（由肉豆蔻的种皮膜制成的香料）以及龙涎香。但也有人认为，英国安妮女王的糕点师——梅西·伊尔斯于 1718 年制作的冰激凌配方才是最早的冰激凌配方[7]。如今关于冰激凌原形最有力的说法，是意大利西西里岛的糕点师弗朗索瓦·普罗科佩在 1720 年用搅好的奶油冰冻制成的"香蒂利奶油冰激凌"，或加入鸡蛋制成的"奶酪冰激凌"。

文学与香：麦尔维尔《白鲸》

美国小说家麦尔维尔（Herman Melville）的名作《白鲸》（*Moby Dick*）发表于 1851 年，被称为世界十大著名小说之一。书中的故事发生在"裴廓德"号捕鲸船上，船长亚哈曾经被白色抹香鲸莫比·迪克咬掉一条腿，戴着假肢的船长因此满怀复仇之念，一心想追捕这条白鲸。

这部作品是根据麦尔维尔在捕鲸船上的真实体验撰写而成的，因此能够将捕鲸的相关情节描写得入木三分。当中有一段裴廓德号捕鲸船船员从腐烂的抹香鲸尸体中取出龙涎香的情景。麦尔维尔将龙涎香的芳香置于猛烈的恶臭之中进行描写，似乎是想要混淆读者的嗅觉一般。

　　恐怖的恶臭再次涌出来，从那最是污浊不堪的地

方，却有淡淡的芳香隐约散发出来，恶臭没能够吞没
这细微的香气。宛如一条河流汇入另一条河流时，在
短暂的时间内，两条河的河水不会完全融合而是并行
流淌着。

（《白鲸》，赫尔曼·麦尔维尔）

麦尔维尔这样描写从抹香鲸体内取出的龙涎香："好像是
加满了香料的香皂，或是一块口感丰富、色泽诱人的奶酪，总
之它闻起来很香，看起来也似乎很美味。"

本章为大家介绍过的 2013 年英国海边发现的龙涎香，其
大小和形状都与橄榄球相似，表面布满灰尘，看起来就像一块
奶酪。然而龙涎香根据情况不同，形状、颜色、香气也会发生
变化。日本昭和初期，海洋渔业协会的桑田透一曾这样形容从
刚刚捕获的抹香鲸体内取出的龙涎香："龙涎香就像一块奇臭
无比的树脂，颜色也多半是黑色的。"[8]

第五章

永远的香之女王——
茶香玫瑰与
约瑟芬皇后

英国东印度公司的植物猎人们，专门在世界各地搜集奇花异草。19 世纪初，他们将搜寻的目标锁定在东洋红茶玫瑰上。这种散发着红茶香气的玫瑰，也受到了另一位显赫人物的青睐，她就是法国国王拿破仑的皇后——约瑟芬，当时她的丈夫拿破仑正忙着与英国交战。

拿破仑·波拿巴
（1769—1821）

◎钟爱玫瑰的约瑟芬皇后

在距今 200 多年前，爆发了法国大革命（1789 年），之后
拿破仑一世成为皇帝，他的第一任妻子约瑟芬皇后是史上数一
数二的玫瑰狂热爱好者，如今人们甚至将她誉为玫瑰的守护神。

约瑟芬·博阿尔内
（1763—1814）

英法交战期间，这位约瑟芬皇后为了从英国获取东方玫瑰花苗，不惜违反拿破仑颁布的大陆封锁令，偏要从英国采购玫瑰苗。这种玫瑰叫作香水月季（Rosa odorata），是距今 200 年前发现于中国广东，后引进到欧洲的品种。关于这种玫瑰有诸多不同的说法，如今很难断定它是否与当时的玫瑰属于同一品种，据说现在已经没有这种玫瑰了。它的香味与上等红茶相似，有人说它有揉搓新茶时的馥郁之香。

这一时代的欧洲贵族等富裕阶层当中，出现了一些喜欢从世界各国搜寻奇花异草以种植欣赏的植物爱好者。他们斥巨资雇佣植物猎手等专家，前往世界各地寻找和挑选不同种类的植物，或是通过像东印度公司这类渠道，购买珍贵的植物。拥有从遥远东方传入欧洲的玫瑰，成为这些爱好者们追求的目标之一。

本章要为大家讲述的是对现代玫瑰香气也带来一定影响的约瑟芬与茶香玫瑰之间的故事。

拿破仑一生最爱的女人

约瑟芬·博阿尔内称得上是拿破仑一生最爱的女人。1763年，她出生于法属西印度群岛的马提尼克岛，父母是没落贵族。曾经有过一次失败婚姻的约瑟芬，意外受到了来自拿破仑的狂热追求，33 岁（1796 年）时她接受了拿破仑的求婚，再次步入婚姻殿堂。婚后拿破仑也丝毫没有减弱对她的痴迷，就连远赴战场也几乎每天都会写情书寄给约瑟芬。一直期望有子嗣继承基业的拿破仑一世，始终没能和约瑟芬生得一男半女。随着情人为拿破仑诞下一名男婴，二人的婚姻生活在 14 年后最终画上了休止符。与拿破仑离婚之初，约瑟芬整日沉浸在痛苦之中，她将位于巴黎郊外的马尔梅松城堡作为自己唯一的栖身之所，精心装饰，城堡里有可供天鹅栖息的小河，以及可供喜热的珍稀花草植物生长的温室。

自此，约瑟芬慢慢从悲伤中走了出来。最终令她重燃生活热情的，是对于建造玫瑰花园的渴望，为此她不仅从欧洲，甚至从东方国家乃至整个世界收集各种玫瑰花。要建造这样的玫瑰园需要大量的资金，离婚之后，拿破仑仍是约瑟芬最忠实的支持者，给予她特别的资金支持，因此，马尔梅松城堡才能够源源不断地种植各种不同种类的玫瑰。即使如此，约瑟芬也有买不到的玫瑰，那就是盛开在遥远中国的茶香玫瑰——香水月季。

要点解说：来自拿破仑的巨额资金援助

自从与约瑟芬结婚开始，拿破仑就一直坚持给妻子写情书，即使远赴战场，也会有一封封的书信寄到约瑟芬手中。这些信大都写满了对约瑟芬浓浓的爱意。在拿破仑于 1810 年写给约瑟芬的一封信中，提到了对马尔梅松城堡种植植物提供资金支持的事。

今天我与财政大臣艾斯特布开会商量过了。决定给马尔梅松城堡 1810 年度 10 万法郎的临时支出，所以你可以尽情种植你想要的植物。这笔钱你想怎么花就怎么花。[1]

（《拿破仑爱的书简集》，草场安子）

98

在 19 世纪上半叶，法国底层官员的年收入为 1200 法郎[2]，与之相比，约瑟芬皇后个人一年预计用在玫瑰等植物上的费用就高达 10 万法郎，这让人不得不为之惊叹。

马尔梅松城堡

打破大陆封锁令的香水月季

香水月季是 1808 年英国东印度公司代理人约翰·里夫斯在外派中国广东担任茶叶检验员期间发现的，里夫斯在广东附近的种苗培育园购入了香水月季的花苗，将其送给时任英国政治家也是玫瑰收藏家的亚伯拉罕·休姆长官。遗憾的是，当时的船只上并没有"华德箱"——一种 1830 年之后才出现的，专门用来运输植物的恒温箱。曾经的植物运输经过长途航海跋涉，很容易出现枯萎的现象。

即便如此，1809 年，休姆长官还是成功将鲜活的香水月季运送回了英国。这个消息很快传入约瑟芬的耳中，"这散发着红茶香的玫瑰，要是也能盛开在我的马尔梅松城堡该多好啊！"这激发了她对香水月季的渴望。然而问题出现了，拿破仑 1806年颁布大陆封锁令，禁止欧洲各国与英国的贸易往来。法国自不用说，就连欧洲大陆各国的港口，都不允许英国及其殖民地的船只靠岸。

即便如此，约瑟芬也没有放弃。她求得了前夫拿破仑的特许，获准英国肯尼迪商会持有香水月季花苗的种植者们合法入境。这些了不起的花苗轻易打破了拿破仑的大陆封锁禁令，从英国驶来的船只纷纷以要为约瑟芬运送花苗为由特赦准许入港停靠。

终于，马尔梅松城堡的花园里种上了约瑟芬心心念念的香水月季。对于如此珍贵的花，约瑟芬呵护备至，冬天怕它们耐不住法国的严寒，便将它们连同花盆一起放入温室；春暖花开时又把它们移入花园，春风送暖赏玫瑰，好不惬意。

约瑟芬永恒的玫瑰园

马尔梅松城堡自拿破仑执政后，便作为疗养行宫使用。约瑟芬曾在巴黎1区（现在的卢浮宫美术馆旁）的杜伊勒里宫等多座宫殿居住过，却唯独对马尔梅松城堡情有独钟。不仅在这里大兴土木动工修缮，为了建造花园，甚至不惜花重金购买了附近的土地，想要将这里打造成自己的理想王国。

这座玫瑰园起初只种有一些从巴黎搜集到的玫瑰，后来约瑟芬通过各种渠道，从世界各地搜集不同品种的玫瑰，相传最多时，这里曾汇集了多达300多株[3]不同品种的玫瑰。后来，约瑟芬以马尔梅松城堡为舞台，上演了真正的玫瑰栽培革命。当时，玫瑰新品种的诞生只能依靠自然杂交，园艺家安德烈·杜邦为世界第一枝人工培育的杂交玫瑰做出了巨大的贡献。自此，玫瑰品种有了突破性的增加，香气不同以往的新品种玫瑰终于诞生了。

约瑟芬在玫瑰史上留下的另一个丰功伟绩，便是给予来自比利时的植物画家皮埃尔－约瑟夫·雷杜德描绘马尔梅松城堡玫瑰的机会。雷杜德描绘的玫瑰最终汇集成一本《玫瑰圣经》

雷杜德描绘的香水月季

图鉴。书中描绘的众多宝贵品种，如今已不复存在，这一幅幅
精细的绘画作品成了唯一的记录。

　　遗憾的是约瑟芬并没有看到完成后的《玫瑰圣经》，1814年，
50岁的玫瑰女王长眠于她心爱的玫瑰园中。自她死后第三年的
1817年起至1824年，《玫瑰圣经》历时7年共分30期完成了
全书的出版发行。200多年后的今天，在各国的书店都能买到
这本珍贵的玫瑰图鉴。书中能够看到传说中的香水月季，雷杜
德将其写作"Rosa indica fragrans"，图鉴中它被描绘成淡粉色
的花瓣，姿态无比惹人怜爱，画中梦幻般的香水月季如今看来
也好似散发着阵阵清新的红茶香气。

　　从这些故事中我们不仅能够了解到玫瑰香气的历史，也接
触到了一些与之相关的关键词汇，下面就让我们一起来解读这

些重要的词汇。

当时欧洲渴求中国玫瑰的理由

从 18 世纪末到 19 世纪初，欧洲通过英国这一窗口认识了四种中国玫瑰。这四种玫瑰被统称为"种马玫瑰"。与以往的欧洲玫瑰不同，这些来自中国的玫瑰有两个明显的特点。一是能够四季开花，这让身处欧洲的人们也能够一整年都享受玫瑰带来的快乐。二是有着特殊的红茶香气。这些有着悠悠红茶香的玫瑰逐渐被欧洲人统称为"茶香玫瑰"。这种不同于大马士革玫瑰的香气，与自古以来深受欧洲人喜爱的花蜜香不同，让人为之深深着迷。

要点解说："种马玫瑰"

从中国传入欧洲的四种玫瑰[4]

· 两种四季开花的玫瑰

1789 年，月月粉月季（Parsons Pink China）

1792 年，月月红月季（Slater's Crimson China）

· 两种红茶香玫瑰

1809 年，中国绯红茶香月季（Hume's Blush Tea Scented China）

如今"香水月季"就被称为中国绯红茶香月季。

1824 年，中国黄色茶香月季（Parks' Yellow Tea-scented China）

1824 年伦敦园艺协会委任园艺师约翰·丹普·帕克斯为植物猎手，到中国寻找花苗。同年帕克斯在曾发现香水月季的中国广东再次购入了一种花苗，并通过东印度公司的商船将其运回英国[5]。这次购入的花因花瓣呈淡黄色所以称为中国黄色茶香月季。

笔者曾因这红茶香体会过英国与日本香文化的差异。在一期 NHK 国际广播的节目中，笔者曾受邀介绍日本的香文化。

一位来自英国的播音员彼得·巴拉坎，在节目中询问日本人喜爱的香气，笔者为他介绍了"线香、新的榻榻米、绿茶"三种香味。听到这样的答案，巴拉坎说："像日本人喜欢绿茶香一样，英国人喜欢红茶香。"这句话给笔者留下了很深的印象。

对于喜欢通过享用下午茶达到放松目的的英国人和法国人来说，红茶香无疑具有特殊的意义，这或许就是他们钟爱茶香玫瑰的重要原因吧。

另一方面，在茶香玫瑰的故乡——中国，普通百姓自古就通晓园艺栽培，玫瑰早已融入人们的日常生活。17 世纪的中国文人文震亨曾撰写过一部记录明代人生活的《长物志》，书中记载，当时的人们会在家门前搭上竹篱笆，篱笆架下种满藤蔓蔷薇，旁边放上长椅，这样人们就能尽情欣赏各色玫瑰，品味花香。书中写到，每逢玫瑰盛开的季节，常能看到成双成对的男女坐在长椅上，由此可见这里还是当时的约会圣地。

绽放在中国的玫瑰就这样慢慢传到了欧洲，开启了玫瑰品种改良的新历史。

东西合璧的梦幻玫瑰

约瑟芬的马尔梅松城堡汇集了来自世界各地的玫瑰。距离杜邦培育出世界上第一株人工杂交玫瑰约半个世纪后的1867，在法国里昂的育苗专家让－巴蒂斯特·吉约的努力下，一株载入史册的玫瑰诞生了。

人们将吉约培育出的这种玫瑰命名为"法兰西"（La France），随着育种技术的不断进步，它继承了西洋玫瑰与中国玫瑰的优点，将欧洲大马士革玫瑰的香甜加入中国茶香玫瑰当中，

法兰西玫瑰（照片来源：日本京成玫瑰园）

产生了前所未有的优雅香气。值得一提的是这种法兰西玫瑰如今在世界各地都有大量种植，人们可以轻松购买到它的花苗。

读者朋友们有机会的话，也可以感受一下法兰西玫瑰的魅力。

要点解说：古典玫瑰与现代玫瑰

法兰西玫瑰作为划时代的玫瑰，被归属于杂交茶香玫瑰这一新品系之中，是该品系的第一个品种。玫瑰专家们虽对此存在分歧，但一般都会将玫瑰分为两大类，一类是在1867年法兰西玫瑰之前出现的玫瑰，称为古典玫瑰，在法兰西玫瑰之后出现的则称为现代玫瑰。

◎香之女王——玫瑰的历史

据说，玫瑰第一次在地球上绽放，是在距今5000万年至3000万年前的喜马拉雅山脉。

之后玫瑰开始从中东、近东、中国向北非、欧洲国家蔓延，人类历史上第一次出现玫瑰这个词汇，是在公元前1800年左右编纂的的《吉尔伽美什史诗》中。书中讲述的是关于公元前2600年左右，真实存在的吉尔伽美什国王的故事，其中几处提道："它像蔷薇那样带刺……"此外，希腊神话中也有关于玫瑰的记载，相传爱与美的女神阿佛洛狄忒（维纳斯）在海上诞生时，上天同时创造了玫瑰。在希腊爱琴海的克里特岛，有座克诺索斯宫殿遗迹，那里保存着画有玫瑰的壁画，被称为最古老（公元前16世纪左右）的玫瑰壁画。毫无疑问，玫瑰可以说是我们人类自古以来最为深爱的花朵，理由就在于它娇美的花瓣与迷人的芬芳。

玫瑰的香气是"恋爱的气息"

大概没有比玫瑰花香更广受人们喜爱的香气了。古希腊女诗人萨福（前7世纪末—前6世纪初）将玫瑰称作"花之女王"，歌颂它的香气为"恋爱的气息"。

如今也被称作"香之女王"的玫瑰香气，吸引了古往今来众多的历史人物。相传世界著名的三大美女之一的古埃及女王克里奥佩特拉（埃及艳后），就曾用玫瑰水入浴，甚至将自己的寝室铺满过膝深的玫瑰花瓣，并用玫瑰精油涂抹全身。恺撒大帝、安东尼等古罗马帝国的英雄都曾痴迷于她那迷人的芬芳。

这一时期，就连盛极一时的罗马帝国也开始盛行玫瑰的香气。尤其是罗马史上著名的暴君尼禄，在玫瑰花香的使用上可以说是奢侈至极。相传在一次晚餐会上，尼禄将整个宴会厅摆满玫瑰花，并让人从天花板向下抛洒玫瑰花瓣和玫瑰水做的香雨。

芯法制作的香油瓶（东地中海沿岸，
前 2—1 世纪），高 11.5cm，现藏于
日本盘田市香博物馆

要点解说：罗马时代的玫瑰香油

　　古罗马曾明令禁止使用添加香料的油脂（即香油），但自从进入罗马帝国时期，香油的使用开始逐渐普及。当时主要是在橄榄油或杏仁油中加入玫瑰等芳香植物，让油吸收香气。这种加入香料的油脂受到了整个罗马帝国的欢迎，从王宫贵族到普通百姓，无论男女都非常喜爱香油。据说在罗马甚至有一条街道，全都是专门经营香油的店铺。其中，玫瑰香油之所以有极高的人气，也是因为种植玫瑰在当时的罗马帝国及其殖民地已经普及开来，即使是普通民众也能以合适的价格购买到玫瑰香油。

从十字军东征到凡尔赛宫

繁华至极的罗马帝国，最终东西分裂走向衰退。与此同时，在欧洲，曾遭到罗马皇权迫害的基督教大为流行，玫瑰成了引导罗马贵族走向堕落的罪恶之花，被人们敬而远之。只有欧洲的一部分修道院出于药用目的，一直坚持研究玫瑰的种植。

欧洲再次出现大面积玫瑰种植，要到11世纪末至13世纪的十字军远征时期。十字军士兵在进攻伊斯兰国家时，被伊斯兰教徒使用的玫瑰水、玫瑰精油所吸引，将作为原材料栽培的玫瑰品种（大马士革玫瑰）和蒸馏提取精油的技术带回了欧洲。

进入文艺复兴时期，欧洲以法国南部为中心开始大面积种植香料玫瑰。玫瑰水、玫瑰精油彻底成为贵族们生活中不可缺少的一部分。其中法国的路易十四甚至在自己的凡尔赛宫日日喷洒玫瑰水。路易十五的情人蓬帕杜夫人、路易十六的宠妃玛丽·安托瓦内特等人都非常喜爱玫瑰花和玫瑰花香，为此花费了巨额金钱。

约瑟芬死后仅15年，玫瑰种类增至4000余种

世界上的玫瑰原种仅250多种，如上文所述，其中大多数都是在18世纪末到19世纪初，由英国东印度公司等的植物猎手购买并运往欧洲的。最终汇集到了约瑟芬皇后的玫瑰园中。

在那里，杜邦培育出了人工杂交玫瑰，此后，这项技术逐渐传遍整个欧洲。约瑟芬死后仅 15 年的 1829 年，就已经超生了越过 4000 种玫瑰品种。在此背景之下，1867 年，吉约培育出了法兰西玫瑰等新香型的玫瑰花。

迈向未来——宇宙中的玫瑰香

如今，玫瑰的品种已经增加到 2.5 万种[6]，新香型的玫瑰培育逐渐盛行。分析玫瑰香气的研究也在不断进步，目前，研究人员已经成功检出了玫瑰花香中的 540 种不同成分[7]，这些成分在构成玫瑰花的所有成分中所占比例高达 99.9%，但其余的 0.1% 中也含有数百种微小的香成分，想要完全弄明白这些却是非常困难的。

人们曾经发现了解决这一难题的可能性。那是在 1998 年 10 月末，在宇宙空间站进行的一场玫瑰香型实验。这场实验是将一种名为"不眠芬芳"的玫瑰花带进发现者号航天飞机机舱，让它在缺少重力的情况下开花，以此调查其与地球玫瑰的不同。结果显示，"宇宙玫瑰"的香气要比在地球开放的玫瑰香气更加细腻，香型成分也有所不同。这个实验是由 NASA 宇航员约翰·格伦和日本宇航员向井千秋负责的。或许在不久的将来，这 0.1% 的未知香成分，会在宇宙空间中揭晓答案。

要点解说：玫瑰水与玫瑰精油

蒸馏器的发明

伊斯兰国家将玫瑰视为神圣之物，不仅在宗教活动中用于净化等目的，而且自古以来就将其作为药物和食品广泛使用。11世纪初，波斯（现在的伊朗）著名医学家、科学家、哲学家伊本·西那（980—1037）发明了能够提取玫瑰香气的蒸馏器，由此成功研制出药用玫瑰水和玫瑰精油。伊本·西那发现，用这些玫瑰精油涂抹患者伤口，能够有效促进伤口的愈合，后来将这些功效记载在了他的医学巨著——《医典》中。

十字军将玫瑰以及蒸馏技术（蒸馏器）带回了欧洲，13世纪之后，玫瑰水和玫瑰精油开始作为药物在欧洲普及。此时，波斯已通过丝绸之路将玫瑰水出口到了遥远的中国，这是玫瑰香气作为商品在整个欧亚大陆交易的开端。

珍贵的玫瑰精油

玫瑰精油在日本也人气颇高，百货商场或是电商平台均有销售。玫瑰精油价格比其他精油（柑橘、植物等）高出好几倍，这是因为玫瑰花中含有的精油成

玫瑰洒水壶（波斯，18世纪），高16cm，现藏于
日本盘田市香博物馆

铜质蒸馏器，现藏于日本大分香博
物馆

分极少，要制作玫瑰精油需要大量的鲜花。以一株直径6厘米、高5厘米的玫瑰花为例，仅提取10毫升的玫瑰精油，就需要使用1.4万株[8]同等大小的玫瑰花。

为了生产玫瑰精油，保加利亚、摩洛哥、伊朗等世界各国均在广泛种植大马士革玫瑰。其中位于保加利亚中心位置的"玫瑰谷"最为有名，这条山谷产出的玫瑰品质上乘，受到世界各国的广泛好评。

玫瑰香的功效

玫瑰水、玫瑰精油在中东、欧洲也非常受欢迎。据说因其具有极高的保湿效果，所以人们多将它用于护肤。在最近的研究中人们发现，玫瑰香气还具有镇定和放松作用，如果闻着玫瑰的香气入睡还能提高记忆力。不过，在田径短距离速跑等需要瞬间反应能力和爆发力的运动中，玫瑰香气则会起到反效果。

玫瑰香气的种类

200 多年前，玫瑰香气只分为西方的大马士革甜香与东方的红茶香两种。如今随着人工杂交品种的培育，出现了各种各样不同的香型[9]。日本新潟县长冈市国营越后丘陵公园的玫瑰园，将玫瑰分为以下 6 种不同香型。

·大马士革－古典香型（传统的甘甜醇厚香气）

·大马士革－现代香型（比古典大马士革更加优雅考究的香气）

·茶香型（红茶香）现有品种中最常见的香气

·果香型（桃子、苹果等新鲜水果般的香气）

·清香型（花瓣颜色偏淡蓝或紫色的玫瑰特有的香气）

·辛辣香型（丁香之类有辛辣刺激感的香气）

兴趣小知识：玫瑰香

无论在中东还是欧洲，自古以来玫瑰都是制作饭菜、甜点，或是红酒、果汁等饮料的重要香料，受到人们的珍视。就算是现在，去中东旅行也常常能够看到玫瑰香味的点心。下面就为大家介绍 3 款史上有记载的添加了玫瑰香的美食和饮料。

玫瑰香巨型派

14 世纪至 16 世纪初期，帖木儿王朝的统治遍布中亚及伊朗等地，在第五代君主阿布都·剌迪甫时期，人们制造出一种巨型派（高 1.5 米、直径达 1 米以上），要使用大量的玫瑰水，当中包裹着三层馅料，且用量也是大得惊人。

·最底层的派皮直径超过 1 米，上面摆着三头烤全羊，使用的都是乳羊，乳羊腹腔内填满了乳香、生姜、肉桂、肉豆蔻等馅料，摆好后再在上面淋上加了麝香的玫瑰水。

·第二层放入填满鸡蛋等馅料的油炸整鸡 40 只、小鸡 50 只。

·最上层加入各式肉馅饼、点心等，让整个巨型派堆成小山包的样子，最后在上面淋上混有麝香、沉香等树脂的玫瑰水。

淋上混有麝香的玫瑰水

派皮

最上层
肉馅饼、点心等

第二层
油炸整鸡 40 只
小鸡 50 只

最底层
三头烤乳羊，乳羊腹腔
内填满了乳香、生姜等馅料

派皮底座

玫瑰口味的巨型派

将整个派放进锅中烤制，待烧好后再淋上一层加了麝香的玫瑰水，方才完工。[10]

如此巨大的派，需要多少人才能吃完？怎么分食的呢？光是想象这些就够有趣的了。

古罗马帝国的玫瑰香红酒

公元 1 世纪前后，古罗马的富豪美食家阿比修斯将他的烹饪食谱总结为现存最古老的烹饪书《关于烹饪》，书中介绍了玫瑰香葡萄酒的制作方法。玫瑰香葡萄酒并不是阿比修斯独有的发明，据说在斜躺着用餐的古罗马宴会上，人们普遍饮用这种葡萄酒。

玫瑰香葡萄酒的制作方法：①事先准备大量的玫瑰花，去掉花瓣的白色部分。将处理好的花瓣穿在线绳上做成花绳，再将串满玫瑰花瓣的花绳浸入葡萄酒中，尽可能多泡些花瓣在酒里，放置7天。
②7天后，从葡萄酒中取出花瓣绳，再一次按照①
的方法放入新的玫瑰花瓣，放置7天之后取出。以
上操作重复三次，取出玫瑰花瓣，过滤葡萄酒，加
入蜂蜜即可饮用。

　　但是，书中强调，制作时一定要使用没有湿气且
质量上乘的玫瑰花瓣。由于玫瑰花的香气为水溶性成
分，所以很容易附着在葡萄酒这类饮品当中，经过如
此工艺制造出的葡萄酒一定有着浓郁的玫瑰芬芳吧。

阿拉伯极具人气的玫瑰果汁？

　　14世纪的阿拉伯旅行家伊本·白图泰在《伊本·白
图泰游记》中提到过一种玫瑰果汁。据说，他曾驾船
前往东南亚的塔瓦利西国（Tawaliss，有说就是现在
的菲律宾）时，该国的女王送给他一大批航海物资，
其中包括衣服、大米、生姜以及芒果等水果，此外还
有4升名为Jallab的玫瑰果汁。

　　Jallab是一种在玫瑰水中加入砂糖、薄荷、葡萄
干混合搅拌而成的饮料[11]。如今在阿拉伯国家也是颇
具人气的饮品，700年前那些旅途疲惫的人们，一定
也从中得到了慰藉吧。

文学与香：王尔德《道林·格雷的画像》

奥斯卡·王尔德的长篇小说《道林·格雷的画像》讲述的是发生在美少年道林·格雷和他的肖像画之间的悲剧故事，画上的格雷会随着他的每一次恶行而不断变丑。书中出现了许多与香味有关的描写和内容。我们选取小说开头部分的一段描写玫瑰与庭院花香的内容，为大家进行介绍。

116

> 画室里弥漫着浓郁的玫瑰香气。夏日的微风拂过园中的树木，敞开的门外飘来紫丁香的馥郁气息，又或是山楂树上粉色花儿的丝丝幽香。[12]
>
> （《道林·格雷的画像》，王尔德）

丁香树是温带地区的常见树种，在每年春季5月左右开花，花呈白色或淡紫色。山楂树则是欧洲春天的代表性植物，深受人们喜爱，它开白色或淡粉色小花，花香浓郁。

各位读者对于玫瑰的香味，有什么印象深刻的回忆吗？

笔者曾感受过和王尔德作品中"弥漫着浓郁的玫瑰香气"相同程度的玫瑰花香。笔者曾经在一座西式建筑里工作，这座建筑的玫瑰园每年五月都会绽放各种不同的玫瑰花，那花香浓郁到让人难以忘怀。建筑对面的坡道紧邻着东京娴静的住宅区，其规模和一座体育馆差不多，白色的墙壁，宽阔的灰色屋顶，上面伸出两根长长的大烟囱，这是房间壁炉的烟囱。正门是一对高大的对开木门，高约两米、宽约十米，除非是迎接贵宾，这里多数时候都是大门紧闭。

推开大门便能望见铺着红色地砖的转盘，正对面停着20多辆出租车。中央是用红玫瑰搭成的拱门，拱门旁边有座喷泉。喷泉的右侧是高大的樱花树和银杏树，左侧有座玫瑰园，园里种满了上百株大马士革玫瑰、茶香玫瑰以及其他各式五颜六色的玫瑰。

每到五月，盛开的玫瑰花花香扑鼻，上午 10 点左右浓郁的香气弥漫开来，整个空气似乎都被染成了玫瑰的味道。一阵风吹过，这玫瑰香好似泉水般涌出建筑，顺着门前的坡道宛如一条看不见的小河，涌向街头。街上的行人被这香气吸引，忍不住移步到坡上观看，紧闭的大木门挡住了门里的玫瑰园，行人只得驻足门前，闭目欣赏醉人的花香，那场景让人印象深刻。

第六章

佩里的香水与萨摩的樟脑——连接幕末的横滨与巴黎万国博览会

　　无论是日本幕府时代的黑船来航，还是大政奉还之年日本在巴黎万国博览会的崭露头角，改变江户幕府命运的香气无处不在。本章将围绕幕末横滨与巴黎，为大家介绍江户时代征服欧洲市场的萨摩樟脑。

佩里舰队登陆横滨

◎ "黑船"香水开启国门

1854 年 3 月 13 日，江户湾一艘挂着巨帆的黑色蒸汽船上，工人们正在忙碌地搬运货物。"小心点！那个箱子里是香水，打碎可就麻烦了！""让水兵们一定要小心搬运！"甲板上一个身高近两米的彪形大汉，正对军官们下达指令。

这个被水兵们称为"熊爹"的大个子男人名叫马休·佩里（Matthew Perry）。没错，他正是美国海军东印度舰队司令——佩里准将。

佩里第一次抵达日本是在 1853 年 7 月，目的是向日本幕府递交总统菲尔莫尔的亲笔国书，要求日本打开国门。1854 年，佩里再次率领舰队叩关，逼迫日本结束了长期的闭关锁国。

马休·佩里（1794—1858）

　　此次来航的包括佩里乘坐的"波瓦坦"号舰船在内，共有9艘舰艇，船员总计超过2000名。不仅规模庞大，佩里的舰艇还装满了美国赠予日本的礼物，香水就是其中之一。

"波瓦坦"号，照片来源：横滨开港资料馆

在佩里回国后撰写的报告中，简单记载了此次赠送香水的内容：

与日本交涉前的 1854 年 3 月 14 日

香水 1 箱共 2 套　赠予将军

香水 1 箱（分发用）赠予江户幕府的幕僚

卸岸后移交给了幕府的差人。

这究竟是什么香水呢？据调查，日本现存着这种香水瓶的可能性极低，就连当时的记录也都不复存在。唯一的线索就是，这些馈赠的礼物多是美国制造的商品。

人们正在从船上搬运美国馈赠的礼品

那么，此时的美国真的存在香水制造商吗？据了解，1850
年在纽约成立了一家名为伦德伯格（Lundborg Perfumery）的香
水制造公司。佩里从美国出发去往日本是在 1852 年 11 月，这
时的伦德伯格香水公司还是一家成立不到 3 年的初创公司。该
公司的第一款畅销香水是在 1860 年才开始发售的。要赠送给
日本将军的香水，规格一定要足够高大上，因此可以推断，佩
里带来的应该不是美国产的香水，而是法国香水，那时的法国
刚刚结束了波旁王朝的统治，进入拿破仑时代，当时的香水大
多是以玫瑰等花香为基调调制的。

要点解说：伦德伯格香水公司

瑞典人约翰·马莉·伦德伯格 1850 年在纽约设
立的香水公司。之后公司被转卖，1873 年更名为"扬·拉
德＆科芬"（Young，Ladd & Coffin），1920 年再次

伦德伯格公司的香水广告

124

遭转卖。但新的收购方继承了伦德伯格公司的品牌名和所有香水的配方，直到 1940 年一直致力于香水研制。

此外，还有以下这些物品，和香水一起登陆了日本。

有线电报机、小型蒸汽车、示范行驶用铁轨、步枪等武器、威士忌、葡萄酒、挂钟、海图、望远镜、化妆品、中国陶器、农具、种子，等等。

其中电报机、蒸汽机车、海图等物品，在展示了美国强大国力的同时，也成为与日本进行交涉的有利战略物资。正如美方所料，幕府官员们对这些物品震惊不已，表现出极大的兴趣。

另一方面，江户幕府在 10 天之后的 1854 年 3 月 24 日为佩里和他的船员们展示了力士们练习相扑的场景，并将以下物品作为回礼送给了佩里。

工艺品（漆器木盒、木盆等）、针织品（茧绸、绢布等）、和纸（美浓纸等）、食品（米、鸡、酱油）、木炭、幼犬等。

与香气有关的物品仅牛形青铜器香炉，并未发现线香、香木等与香料有关的记载，这香炉也是作为工艺品赠送给美方的。

1854 年 3 月 31 日（嘉永七年三月三日）两国签订了《日美亲善条约》（又名《神奈川条约》）。根据条约要求，日本政府开放了下田和箱馆两个港口，200 多年的闭关锁国时代就此结束。

那么佩里为何要赠送香水呢？笔者推测这与美国的历史、文化有关。当时的美国，是一个自1776年建国以来，历史不足80年的"年轻"国家。佩里在"来航"之前，对日本做了全面了解，尽管在军事、技术等方面美国远超日本，但在文化方面比起有一定历史的日本，美国则逊色不少。如此想来，历史与文化并重的法国香水，成为馈赠佳品的可能性就极高了。

要点解说：日本的豪华款待

佩里第二次到访日本时，日方为其一行人准备了超豪华套餐，不仅有用鲷鱼、海螺制作的上等日本料理，还有日式点心（和果子）、蜂蜜蛋糕等100多种日本特制甜点。据说招待佩里一行3000人的总费用高达2000两（换算成现在的货币达1亿日元以上[1]、平均每人超30万日元）。

◎幕末时期万国博览会上的武士们

巴黎万国博览会

对武士们来说，黑船带来的香水意味着长期锁国时代的终结，香气拉开了开放国门的序幕，而江户幕府的武士们，

1867 年的巴黎，马车飞驰在香榭丽舍大街（当时的 3D 照片）

在欧洲亲眼见到香水贸易的发展，已是 13 年之后的 1867 年的事了。

继 1855 年之后，法国于 1867 年第二次举办万国博览会（以下简称巴黎世博会），日本首次派出代表团参加了此次盛会。

说到 1867 年的日本，可谓是动荡不安的一年，发生了坂本龙马遭暗杀、大政奉还等一系列重大事件。那么，遥远的巴黎又是怎样的境况呢？

这一年，巴黎街头因时隔 12 年再次召开的世博会，变得热闹非凡，大兴土木、整修铁路。一家为巴黎世博会而筹建的、拥有 400 间以上客房的豪华大酒店迎接着世界各国游客的到访。第二次巴黎世博会会期从 1867 年 4 月 1 日一直延续到同年 11 月 3 日。

世博会会场建在塞纳河沿岸的巴黎战神广场，这是一座巨大的椭圆形展馆，大小相当于两个甲子园棒球场（日本最大的

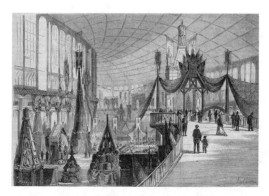

128

展馆内容部的回廊（能够绕行一周展望整个展览会场）

全景水族馆里直通天花板的水槽

露天棒球场）。周围游乐场、商店等设施一应俱全，还有能够
品尝来自世界各国美食、饮品的咖啡馆。更令人为之惊叹的则
是这里还有分离了淡水和海水的全景水族馆。

　　这次世博会总入场人数约为 1500 万人[2]，场面盛大，包括
日本在内，与会国有欧洲各国、美国、埃及、波斯等 42 个国家。

法国展区中专门设立的香水专用展
示区

主办方法国的展区最大，占了总体展区的二分之一，陈列着法
国的各类名产品，如葡萄酒、丝绸制品等。其中还专门开设一
个区域，用来摆放法国引以为傲的香水。

走吧！去巴黎！

1867 年 2 月 15 日，年仅 14 岁的德川昭武代表将军德川庆
喜，率领总计 33 人的使节团，从横滨港启程踏上了去往巴黎
的旅程。

此次出行的使节团成员可谓精英云集，不仅有日后被称为
"日本企业之父"的涩泽荣一、日本邮政制度奠基人杉浦让等
幕臣，还有最早将牙科器材引入日本的清水卯三郎等人。

一行人搭乘轮船、火车几经周折，终于在 1867 年 4 月 3

（左） 德川庆喜画像（禁里御守卫总督时代），日本松户市户定历史馆提供

（右） 德川昭武照片，摄于 1866 年，日本松户市户定历史馆提供

德川民部大辅殿下与日本政府特别使节团，即跟随德川昭武出访巴黎世博会的使节团。照片上还有之后被称为"日本企业之父"的涩泽荣一（后排，左一）

日抵达了法国最大的港口马赛，却从前来迎接的法国外交部职员那里听到了令人惊愕的消息。原本应当在幕府隶属下参展的萨摩藩，竟试图以萨摩琉球国这一独立国家的身份参加世博会。

到达巴黎之后，幕府即刻与萨摩藩进行会谈，但却为时已晚，法国已决定将日本展台一分为二由幕府与萨摩分别展出。如此纷乱的状态持续到第四周时，幕府一行人作为国宾，受邀参观杜伊勒里宫，并在那里晋见了拿破仑三世和欧仁妮皇后。之后由法国政府要员款待，体验了观看歌剧、参加宴会等一系列宫廷外交。

一行人还参观了世博会会场，在法国香水展位前，拿破仑三世表示，香水对他而言不仅仅是法国皇室、贵族特有的文化，未来还要将它推向国际市场。

拿破仑三世

（1808—1873）

展位上陈列的多是些深受法国皇室喜爱的大牌香水，这些品牌包括1720年创立的奥里萨·L.勒格朗公司，1774年创立的LT披威公司，以及至今仍享誉世界的顶级品牌娇兰公司等。这些法国的大牌香水曾是以皇室贵族等富裕阶层为主要对象的高级定制商品。

然而，1860年之后，以香料行业为主，从手工生产向机械生产的产业化发展，使批量生产得以实现。在这一背景下，巴黎世博会成为向世界拓展市场的绝好机会。

笔者认为，以德川昭武为代表的幕府使节团，通过在巴黎的宫廷外交，体验到了不同于日本的香文化。此次世博会也让他们了解了欧美香水商业的发展。

江户幕府 命运的香气

另一方面，从当时的记录来看，江户幕府的展品主要是漆器、陶器等传统工艺品，金额高达4.719万两[3]。

其中，并未展出与香有关的物品，幕府使节团的涩泽荣一表示没能展示所有物品，非常遗憾。到了11月，盛大的巴黎世博会闭幕之际，日方决定派出德川昭武在未来的几年留学法国。为此，他与涩泽等人留在了巴黎。直到第二年的1868年1月26日，新年伊始一封意料之外的信件从日本寄到了法国，信中写到的正是大政奉还。此时德川庆喜已将政权还给了明治天皇，江户幕府时代就此终结。原定的德川昭武留学计划也被迫终止，被后人称为"虚幻将军"的德川昭武，只能带着满心失落返回已迎来明治时代的日本。

 要点解说：后来的德川昭武

即便进入明治时代，德川昭武仍旧与拿破仑三世保持联系，曾一度终止的法国留学计划，在1876年（明治九年）终于得以实现。德川昭武晚年居住在千叶县松户市的户定邸（现在的户定之丘历史公园），那附近修建的户定历史馆至今仍保留着德川昭武留学法国时写下的法语日记。

◎席卷欧洲的萨摩樟脑

萨摩的樟脑作为江户时代日本屈指可数的出口商品，在当时已为欧洲人所熟知。通过巴黎世博会这个绝佳的舞台，樟脑的产地——萨摩藩也有了直接向世界展示产品的机会。走到这一步，萨摩藩可谓历尽千辛万苦。接下来我们暂且离开巴黎世博会，为大家介绍几个关于萨摩樟脑的小故事。

樟脑是将樟树的皮、枝、根、叶通过水蒸气蒸馏得到挥发油后，再用分馏法从中提取得到的白色半透明结晶。其香气带有一股通透的清凉感，是自古以来使用的一种防臭、防虫剂。大家从衣柜取出收纳的衣物时，有没有闻到上面的樟

樟树

134

脑香气呢?

　　樟脑也是第二章曾为大家介绍过的名贵天然龙脑的替代品。12 世纪初期,中国最早开始制作樟脑。16 世纪末期,樟脑的制作方法从中国大陆传到了日本九州。因萨摩领土内种有

天然樟脑结晶

大量樟树，由此开始了樟脑的制造。

进入 17 世纪初，日本开始向海外出口樟脑，萨摩的樟脑深得荷兰商人喜爱。1637 年 1 月，长崎的荷兰商馆馆长尼古拉斯·库克巴克尔（Nicolaes Coeckebacker）甚至派人前往萨摩，希望买断所有樟脑。

这一时期，制造樟脑需砍伐大量樟树，因此萨摩藩藩主曾一度下令禁止制造樟脑，凡违抗禁令者一律处死。尽管如此，随着时代变迁，萨摩樟脑的人气却丝毫不减。在旅日瑞典植物学家卡尔·通贝里（Carl Thunberg）所著的《通贝里日本纪行》中这样写道，1701 年，日本出口的樟脑大都产自萨摩，这一时期，欧洲市场上的樟脑也都几乎产自萨摩。

那么，当时萨摩出口 [4] 的樟脑产量大致有多少呢？

1790 年前后，萨摩的樟脑出口量年均达 19 吨以上，多以荷兰为出口对象，有的甚至出口到中国。但这一时期出口到荷兰的萨摩樟脑，品质较为粗糙。因此，萨摩樟脑从日本经海路运至阿姆斯特丹后，会进行去除杂质的处理，再作为纯白的精品樟脑被二次出口，运往以欧洲为主的世界各国。

要点解说：樟脑被欧洲视为万能药

如何使用樟脑？

樟脑作为香料、防虫剂乃至万能药材，自古以来就深受欧洲人的珍视。尤其在 19 世纪，法国等地的

135

药店大量销售樟脑，樟脑成为许多家庭的常备药品。
据说只要走进欧洲人的家里，就能闻到樟脑的香气，
这其中多半是产自萨摩的樟脑。最为独特的使用方法
是在酒精中加入樟脑，人们认为这样的酒精不仅有益
健康还能锻炼肌肉。所以缺乏运动的人，会在早晚将
樟脑酒精涂抹在身体上，然后在家中进行踏步等简单
运动。

陷入财政窘境的萨摩藩

历史上，萨摩藩曾陷入长期的财政赤字，在1829—1830
年（文政末期）负债总额高达500万两 [5]，财政濒临破产。

19世纪30年代前后，萨摩藩全面推行天保改革，对樟脑、
砂糖等产品进行了品质改良，并改革了生产体制，加强了专
卖，财政随即开始好转。1844年，得益于山元庄兵卫研发的
樟树人工培育法，樟脑的产量、品质都有了大幅提升。加之，
经由琉球的地下国际贸易往来，萨摩藩的商务活动逐渐步入
正轨。

在萨摩藩政府与生产者的共同努力下，制铁、造船、纺织
等产业开始兴起。萨摩藩逐渐壮大，其力量几近超越幕府。在
此背景之下，在1867年召开的巴黎世博会上，萨摩藩以同等
身份与江户幕府共同参展，除了漆器、丝绸等特产之外，展台

上飘来的阵阵樟脑香气，象征着萨摩藩已经跨越了曾经艰辛的
年代。

如今的萨摩樟脑

江户中期，曾经唯有萨摩藩才懂的樟脑制造，很快在日向、
长崎等地流传开来，到了 18 世纪中叶，就连土佐也开始盛行
制造樟脑。之后，进入明治时期，樟脑作为制作赛璐洛（celluloid）
的原料，在国外的需求量不断攀升。1903 年至 1962 年，樟脑
的生产、销售曾一度由国家垄断经营。

后来，塑料替代了由樟脑制成的赛璐洛，造成樟脑需求量
骤减。截至 2018 年，日本鹿儿岛县内，仅屋久岛一处仍在生
产樟脑。唯有樟脑山、樟脑木屋等地名，还能让我们联想到曾
经盛行一时的日本本土樟脑制造业。

兴趣小知识：幕末的香气

巴黎世博会与江户的芬芳

巴黎世博会上还曾洋溢着江户下町的芬芳。那是
作为商人参会的清水卯三郎开设的艺伎茶室，有些类
似现在的女仆咖啡馆。

茶室的屋顶由稻草搭建而成，主体则用柏木建造，
室内既有 6 个榻榻米铺席地面，也有普通土地面，里面

还有日本土特产商店，菜单内容引人关注，具体如下：

饮品：日本茶、米酒

食物：煮鱼米饭（用现在的话说，就是江户 B 级美食）

清水卯三郎的茶室中，最受人们欢迎的是"kane""sumi""sato"三位来自日本的年轻艺伎表演者。她们并不是单纯穿着和服的外行，而是卯三郎专程从日本带来巴黎的日本专业艺伎。她们缓缓转着扇子的样子，或是点烟的样子，这些平日里只能在江户柳桥看到的曼妙姿态，出现在了巴黎世博会这一国际舞台上。

为了在会场上一睹初次到访欧洲的日本女性，人们聚集在茶室门前，使这里变得人山人海。当地报纸专门介绍了这间茶室，称其为"博览会中最珍贵的宝物"。拿破仑三世还授予了茶室银奖表彰。

不仅有艺伎表演，在这里人们还能享受到两种日本特有的香气。其一是清水卯三郎带来的香囊。这香囊出现在卯三郎提交给幕府的展品清单里，是一种深受日本都市女性喜爱的小香袋。江户时代人称浮世袋、花袋等，里面装有白檀、丁香等多种香料，人们一般将其装入和服口袋，或是挂于腰间。茶室的商店应该是将它作为日本的土特产进行销售的。

清水卯三郎开办的艺伎茶室

清水卯三郎在巴黎使用过的名
片，将左上角翻折，会出现卯三
郎的半身照，是一种创新的设计。
出处：《焰之人·清水卯三郎
的一生》，长井五郎，sakitama
出版社，1984 年

香包
照片来源：PIXTA

另外一种香气是"kane""sumi""sato"三位艺伎使用的化妆水。由于三人均为职业艺伎，自然要从日本带来整套化妆品。笔者认为这其中很可能有一款名为"花之露"的化妆水，这款化妆水在当时的江户非常受欢迎。

在江户初期，花之露是作为香油售卖的，不知何时起成为化妆水，之后在很长一段时间里，上至大奥的女性下至普通市井民众都非常喜爱这种化妆水。据说，就连江户幕府第13代将军德川家定的妻子天璋院笃姬也会让身边侍女去江户城购买花之露，并在化妆时使用。

说到花之露的神奇功效，1813年出版的美容书《都风俗化妆传》中就提到，它香气四溢，不仅能提亮肤色，还能让肌肤变得细腻光滑，甚至还有祛痘功效。

那么花之露究竟有着怎样的香气呢？

还是在那本《都风俗化妆传》中，记载了花之露的制作方法：在少量野蔷薇花蒸馏水中加入混合了白檀、龙脑、丁香的蒸馏水，搅拌均匀即可。作者也按这方法试着做过一次，其中用玫瑰代替野蔷薇花、用合成龙脑代替天然龙脑，再现了当时的香气。那香气可以说是与和服非常搭配的大和芬芳了。

《江户名所百人美女》（1858）中的《芝
神明前》图，脚边木箱上写着"花之露"
的商品名。藏于东京都立中央图书馆特
别文库室

此外，说到江户时代的化妆水，还有由作家兼药
店老板式亭三马发售的"江户之水"，以及用丝瓜中
的水分制作的"丝瓜水"也是非常畅销的产品，但香
气上花之露更受欢迎。

江户化妆品——花之露多为家庭自制

制作"花之露"用的蒸馏水，是用一种叫"兰引"
的陶制蒸馏器蒸馏得来的。在很早之前，平贺源内撰
写的《物类品骘》一书中就有相关记载。书中提到，
蔷薇露即玫瑰的蒸馏水，是用兰引将玫瑰花蒸馏后获
得的蒸馏水。

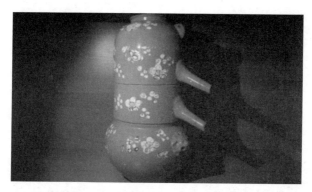

江户时代后期的兰引（立式蒸馏锅）

　　但兰引价格高昂，只有医生、药店经营者，或是富裕的商人等才能使用。普通百姓除了购买市面销售的成品外，多是用家里的药罐当蒸馏器，在家中自制与花之露相似的化妆水。江户初期，日本就有了手工制作化妆品的文化，这让人不免为之惊叹。

文学与香：司马辽太郎《坂本龙马》

　　司马辽太郎的《坂本龙马》是一部描写了坂本龙马如疾风般为幕末时期的日本四处奔走的小说，这部名作中有一段讲述了龙马在长崎购买香水的情景。

　　龙马走进唐物屋（洋货铺）

　　这里摆放着各式各样，从中国或西洋运来的珍奇杂货。

龙马问道："有没有法国香水？"

掌柜吓了一跳。

眼前这位上身穿着带有家徽的皱巴和服，下身穿着袴裤的流浪武士，竟然想要法国香水？

龙马早先就打问过，据说在欧洲，香水是绅士所爱。

（当然也想试一下啊！[6]）

（《司马辽太郎全集4》）

此后，根据小说中的描写，龙马购买了霍比格恩特公司的古龙水。这只是小说中的描写，现实中坂本龙马真的购买并使用了香水吗？

笔者在龙马所写的书信里，发现了与此相关的线索。那是1866年秋，身处长崎的龙马写给土佐侄女坂本春猪的一封信，龙马在信中写道"我这有一种'国外的香粉'[7]，近期给你寄过去"。

此时的龙马，自1865年春便活跃在长崎一家名叫"龟山社中"的商社，这是日本开设的首家商社。所以在长崎的街头购买"外国的香粉"并非难事。

这种香粉应该就是我们现在说的粉饼吧，霍比格恩特公司在创业之初除了香水还制造粉饼、肥皂等产品，所以前文中提到的"外国的香粉"很有可能就是霍比格恩特公司制造的产品。

如果这假设成立，那么同公司的香水、古龙水应该也一同被引入了长崎市场，龙马也就有可能购买到这些产品了。

霍比格恩特公司的历史

霍比格恩特公司是1775年由让·弗朗索瓦·霍比格恩特在巴黎创办的，店头挂有名为"花篮"的时髦招牌。店里除香水外，还销售带香味的皮手套、粉饼（香粉）等商品。在巴黎这些带着香气的产品十分受欢迎。以玛丽·安托瓦内特为代表，蓬帕杜夫人、拿破仑一世、拿破仑三世等法国王室和贵族都是它的忠实粉丝。

之后，该公司在1880年被收购，只保留了霍比格恩特这一公司名称，并于1882年推出了引领香水革命传奇香水——皇家馥奇。

第七章

命运的5号白夜

之香——

华丽的香水物语

有这样一款香水，它被称为香的艺术。诞生于20世纪初期的它，改变了香气的历史，本章将为大家介绍这一华丽香水的历史。

恩尼斯·鲍（1881—1961）

◎命运的第 5 号

　　白夜，太阳不会沉没的夜晚。靠近北极圈的欧洲乡村，在从初夏到仲夏的白夜季里，小河、湖泊上总会腾起一阵阵清新的香气。香奈儿 5 号香水的创作灵感正源自这一香气。

　　这款香水自 1921 年发售以来，发生了许多和它有关的故事。笔者从中选取两个为大家做以介绍。

　　第一个故事发生在第二次世界大战期间的巴黎。1944 年 8 月，这座被德国占领的城市，在美国等盟军的帮助下得以解放。几周之后，在巴黎国家歌剧院附近的康朋街上，美国大兵们排起了长长的队伍。队列通往的正是香奈儿的巴黎总店，这些美国大兵几乎都是为了购买同一款香水而在这里大排长龙。

在蒂拉尔·马泽奥撰写的《香奈儿5号香水的秘密》一书中这样描写这一场景："有这样一款巴黎特产，无论是谁都想拥有它。美国大兵们为了购买香奈儿的这款经典香水，一进店门就比起五根手指"。后来，英国报社记者曾这样报道："这是美国大兵们知道的唯一一款法国香水，也是他们唯一不受语言限制能表达出的香水名字。"第一次世界大战结束后，法国香水成为象征胜利与优雅的礼物。[1]

另一个故事与演员玛丽莲·梦露有关，在回答记者提问："您晚上穿什么入睡"时，梦露答："5滴香奈儿5号香水"。这段著名的对话，发生于1954年2月日本帝国酒店的一场记者见面会上，当时梦露与美国纽约洋基棒球队的外野手乔·迪马乔在日本新婚旅行。

不仅是上面的两个故事，香奈儿5号香水作为商品，也曾荣获多项殊荣。1959年，香奈儿5号香水瓶以其简约现代的美感获选当代杰出艺术品，跻身于纽约现代艺术博物馆的展品行列。由美国香水基金会举办的菲菲奖（FIFI奖）堪称香水界的奥斯卡，1987初次入围的香奈儿五号香水入选殿堂级香水。

这款享有盛名的香奈儿5号香水，受到了全世界的青睐。它的诞生要归功于20世纪的时尚设计师可可·香奈儿与传说中的调香师恩尼斯·鲍命运般的邂逅。

这二人是如何创造出堪称不朽名香的香奈儿5号香水呢？笔者将为大家揭开这香气中隐藏的谜团，并介绍以法国为中心的香水的历史。

改变香奈儿命运的两位恋人

香奈儿5号香水的诞生，与两位男士的帮助密不可分，他们都是可可·香奈儿的恋人。一位是如电影明星一样的英国绅士，另一位是有着隆冬湖水般忧伤眼神的俄国大公。

可可·香奈儿（原名加布里埃勒·博纳尔·香奈儿）1883年8月19日出生在法国西部一个贫穷的小商贩家庭，是这家的长女。12岁那年因母亲的离世，她被送进一家女子修道院下设的孤儿院，在那里度过了7年的少女时光。18岁毕业之后，香奈儿来到巴黎的乡村小镇当缝纫工，之后又在音乐厅以歌手身份出道，艺名可可。但因缺乏歌唱天赋，她最终放弃了做歌手，去巴黎闯荡。在巴黎，香奈儿遇到了第一位关键人物——富有的英国军人阿瑟·卡佩尔。卡佩尔曾是一位职业运动员，

可可·香奈儿

（1883—1971）

与香奈儿坠入爱河后，他资助香奈儿在巴黎开了家帽子店。生意越做越好，以此为契机香奈儿开始涉足时尚界，她大胆摒弃了束腰等长期束缚女性的传统元素，设计出了更便于运动、更舒适的服饰，引发了女性时尚的革命。

随后，香奈儿逐渐将目光从单纯设计时装，转向了人们身边其他可能用到的商品，由此开始了香水的研发。当时，时尚界与香水界是两个完全不同的行业，在时尚界销售香水实属新奇想法。香奈儿5号香水大获好评的简洁的瓶身设计，据说其设计理念正是源自恋人卡佩尔使用的威士忌酒瓶。

然而，不久后香奈儿却陷入深深的悲痛之中。1919年12月22日，阿瑟·卡佩尔因自驾汽车发生事故，撒手人寰。从此香奈儿一心专注于原创香水的研发，终于在1920年夏天成功推出了新概念香水。

在研制新概念香水的同时，香奈儿结识了第二位关键人物，来自俄国的流亡贵族德米特里·罗曼诺夫大公，据说罗曼诺夫还曾为新概念香水出谋划策。对香奈儿来说更值得庆幸的是，罗曼诺夫大公为她介绍了沙俄调香师恩尼斯·鲍。

沙俄调香师恩尼斯·鲍

香奈儿5号香水的调香师恩尼斯·鲍有许多未解的谜团。他与罗曼诺夫大公是如何相识，又是怎样经介绍认识了香奈儿等这些问题至今无人知晓。

逃亡法国的恩尼斯·鲍从未谈起过他在俄国的生活。香奈儿在见到他之前，也只知道他曾是俄国皇室的御用调香师，在第一次世界大战时曾做过军务工作，后来逃亡到了法国。香奈儿与鲍相识于 1920 年，在那之前一年的 1919 年，香奈儿正着手研发新概念香水，而鲍也在法国乡村开办了一家承包香水制作的公司。

二人好像受到了命运之绳的牵引，终于得以相见。香奈儿向鲍提出了这样的要求"一种散发女性香气的香水，一种专属于女人的香水"，并且有着"不同以往的香气"。

命运的数字

鲍与香奈儿见面之后的几个月里，一直埋头调制香奈儿想要的新概念香水。曾上过战场的他，经历过北极圈的白夜，永昼的阳光照射下的湖泊、河流散发出阵阵清香，这成为他此次创作的灵感。终于，香水小样做好了，香奈儿迎来了命运的试香日。

鲍准备的是 1 号到 5 号、20 号到 24 号两组共 10 种香水小样。据说香奈儿在逐个闻过 10 支小样之后，毫不犹豫地选中了"5 号"。

"没错！这正是我想要的香气，不同于任何一款香水。一种散发女性香气，专属于女性的香水。"[2] 香奈儿这样评价这款香水。

香奈儿从生活在孤儿院时起，就与数字 5 结缘，死去的恋人卡佩尔的幸运数字也是 5。并且，占卜师曾告诉她，5 对她而言是命运的数字，对此深信不疑的香奈儿在鲍询问香水命名时，指着 5 号香水的瓶身说："就用这第 5 个样品的编号吧，它一定会为我们带来幸运"[3]。

香奈儿 5 号的诞生，不仅因为香奈儿的幸运数字是 5，更重要的是第 5 号香水小样的香气深深地吸引了香奈儿。

鲍用产自格拉斯的名贵茉莉花和玫瑰花作为原料，加入依兰、白檀等 80 多种香料，为加深香气及散香效果，还使用了在当时新兴的一种合成香料，名为乙醛。这就像是在烹饪时使用提味佐料，比如给草莓添加柠檬能够得到别样的风味一样。

据说在这个 5 号小样里加有比平时多 10 倍的乙醛，这在当时是无法想象的，至于为何会有如此操作，至今仍是个谜。在众多与之相关的传言中有一说法认为，是因鲍的助手操作失误才导致乙醛的过量使用，而这却让它成为香奈儿眼中的创新。如果真是如此，那么对于香奈儿来说，5 号的确可以说是决定她命运的幸运数字。

要点解说：何为调香师

调香师分为香妆品（香水和洗护用品等）调香师和食品调香师两类。他们能够调配各种香料，创作新的香型，拥有超乎常人的嗅觉能力。在法国，人们用 nez 一词称呼调香师，翻译成中文就是鼻子的意思。

不用香水的女人没有未来

在香奈儿5号香水发售前，香奈儿感到一丝不安：会有人愿意购买我们这种非专业香水公司生产的香水吗？

因此，在一次与鲍等人在加纳的餐厅用餐时，当有女性顾客经过他们的餐桌，香奈儿就会悄悄地喷一些香奈儿5号香水，观察她们的反应。结果许多女性都被这香气所吸引，驻足深嗅，这使得香奈儿有了信心。可接着她又开始担心会不会有人抄袭这款新的香水。

香奈儿立刻与鲍商量，并接受了他的建议："为了防止他人抄袭，增加别人买不到的名贵香料量。"香奈儿同意让鲍增加格拉斯产的茉莉花的用量，并再次对乙醛等原料的配比进行调整。这样一来，香奈儿5号香水的调香变得更为复杂，终于调配出了谁也无法模仿的、独一无二的香水。

1921年5月5日，巴黎的香奈儿总店开始正式发售香奈儿5号香水，上市后短短数日该香水便成为当时最热销的商品。

香奈儿5号香水的杂志广告图（1945年10月）

当时的新闻画面记录下了成群聚集在香奈儿五号香水周围的巴黎女性，以及闻到那香气的一瞬间，脸上便露出幸福笑容的巴黎市民们。这些画面无一不在诠释着香水新时代的到来。

继时尚界之后，香奈儿女士再次引发香水界的革命。据说从那之后她就有了这样一句口头禅："不用香水的女人没有未来"。

永恒的白夜之香

香奈儿5号香水的成功，在为可可·香奈儿带来巨大财富的同时，也引发了有关香奈儿商业合作者之间的纠纷，香奈儿为了夺回自己的权益，不惜在二战期间，向占领巴黎的纳粹德军求助。

为此，在二战结束后，香奈儿甚至遭到了国内的谴责。即便如此，也没有减弱香奈儿 5 号香水的人气，它的畅销气势一直延续到了世界各国。从香水发售到历经半个世纪后的 1971 年 1 月 10 日，在巴黎的丽兹酒店，香奈儿结束了她璀璨而又充满波折的一生，享年 87 岁。

香奈儿最终也没能夺回香奈儿 5 号香水的股权。从恩尼斯·鲍调制出 5 号香水至今已经过去了百年，香奈儿 5 号香水仍坚持使用格拉斯产的茉莉花等名贵香料。以白夜的湖泊、河流为灵感创作的香气，将一直守护着香奈儿。

155

要点解说：香水类型和香气种类

以香奈儿 5 号香水为代表，我们目前使用的香水，都是用酒精溶解香料后制成的。

根据赋香率，也就是香水中香精的浓度，香水可分为不同类型。赋香率越高香味越浓、香气保持的时间越久。一般可将香水分为以下四种类型[4]：

·浓香水（Parfum），浓度：15%—20%，持续时间：5—7 小时

·淡香精（Eau de Parfum），浓度：10%—15%，持续时间：5 小时左右

·淡香水（Eau de Toilette），浓度：5%—10%，持续时间：3—4 小时

·古龙水（Eau de Cologne），浓度：3%—5%，持续时间：1—2小时

按照所含香料不同，将香气分为以下三种类型：

·植物香型 各种花香为主

·东方香型 在各种花香中加入香辛料或动物性香料等原料

·柑苔香型 在各种花香中加入树木、柑橘等水果香料，再加入从橡树苔藓中提炼的一种香料。柑苔的名称源自地中海的塞浦路斯岛。

本章讲述的香奈儿5号香水属于植物型香水。

◎以法国为中心的香水历史

14世纪，欧洲最早的香水

在欧洲说到以酒精制作的香水起源，那就要从出现于14世纪前后的"匈牙利水"说起。这种香水又被称为"匈牙利皇后水"，据说匈牙利的一位老皇后曾利用它成功返老还童，但该香水的准确年代、地点、制造者等信息却无从知晓。直到19世纪，人们使用的香水大都是迷迭香精油和酒精的混合物。

16 世纪，香水的主产地从意大利变成法国

虽然说到香水的主产地，人们往往会想到法国巴黎，然而真正为香水发展奠基的国家其实是文艺复兴时期意大利的佛罗伦萨。在佛罗伦萨街头有座世界最古老的药房，名为"圣玛丽亚·诺韦拉"（Santa Maria Novalla），这间药房自 13 世纪初期开始营业，并在 1381 年，开始向普通民众销售消毒用的玫瑰水。

这家药房曾是佛罗伦萨豪族——美第奇家族的专属用品承办商。1533 年凯瑟琳·德·美第奇在嫁给法国王子（后来的法国国王亨利二世）时，药房为其献上了特别定制的香水。

这款香水与以往的法国浓香型香水不同，其清爽的香气深受波旁王朝贵妇们的钟爱。后来，凯瑟琳将意大利极具才华的调香师弗洛伦廷纳入麾下，弗洛伦廷制作的带有香味的皮手套受到凯瑟琳丈夫亨利二世的赞赏。据说亨利二世立刻下令，在法国南部的格拉斯生产这款皮手套。皮手套是当时王公贵族们必不可少的物件，但制作皮手套，需用尿酸浸泡软化皮质，因而制好的成品会散发一股恶臭。

由于弗洛伦廷使用产自格拉斯的名贵香料来制作这款手套，使得格拉斯从生产皮手套的小镇变为香料和香水的知名产地。因而在 1582 年的巴黎，曾普遍与药房合作的香料商，开始与手套店缔结新的合作关系。如此一来，在 19 世纪前，曾

经的皮手套匠人们，个个都是兼职的调香师。

> **要点解说：弗兰吉帕尼家族与秘传香料**
>
> 据说，最先想到制作带有香味的皮手套的人是
> 16 世纪中期住在法国的弗兰吉帕尼公爵。弗兰吉帕
> 尼家族世代沿用着一种叫弗兰吉帕尼香粉的秘制香
> 料。据说是该家族中的一员，在秘传香料的基础上，
> 加入动物香料制成了欧洲最早的香水。

18 世纪凡尔赛宫的香气（法国革命前），玛丽·安托瓦内特最后的香水

此后，从 17 世纪到 18 世纪，法国在波旁王朝的影响下开始盛行香水文化。这一时期，人们并非单纯的享用芳香，香气还是遮掩皇城排泄物臭气的法宝。尤其是路易十四有着"最爱香水的皇帝"的称号。他不仅有专属的调香师，甚至修订了调香师资格认证制。为此，想要成为调香师协会会员，不仅需要为国效力四年之久，还必须跟随专门的调香师父学习三年技艺。可以说波旁王朝为法国日后成为香水大国，打下了坚实的基础。

接下来进入路易十五时代，这时的凡尔赛宫堪称"香之宫殿"，每天人们都在使用各种不同的香水、香料。路易十五的

情人蓬帕杜夫人也是出名的香水爱好者，一年光是用来购买香料的钱就高达 50 万里弗[5]（法国在 1795 年之前使用的货币）。这相当于当时 1500—1700 名巴黎普通劳动者一年的收入，如此程度的浪费令人震惊。

小城格拉斯因为皇室贵族们大量的香水需求，迅速得到发展，香料供应商们也因此赚得盆满钵满。在巴黎，深受王妃玛丽·安托瓦内特宠爱的调香师法杰恩一家和来自格拉斯的调香师霍比格恩特等人，都纷纷开始经营香水店，各个买卖兴隆。然而，法国国内百姓的生活却贫苦不堪。

玛丽·安托瓦内特王妃对于民众疾苦全然不知，甚至质疑"没有面包的话，吃些蛋糕不就行了？"丈夫路易十六将凡尔赛宫作为礼物赠予她，在众多宫殿中，离宫小特里亚农宫尤其深得她的喜爱。她命人在宫殿里种满名贵的玫瑰、风信子、鸢尾花、郁金香等各式花草，一心将这里打造成自己的理想宫殿。

据说，为了能够让小特里亚农宫的香气常伴左右，她曾命自己的专属调香师让·路易·法杰恩为其调制一种能够随身携带的订制香水。如此这般，安托瓦内特在凡尔赛宫度过了一段无比奢华的时光。1789 年，民众的愤怒达到顶点，法国大革命就此爆发。法国皇室也意识到此次革命可能会危及他们的性命，于是在 1791 年 6 月 20 日，乔装成普通百姓，打算乘马车逃往玛丽·安托瓦内特的娘家澳地利。

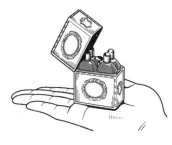

（左）玛丽·安托瓦内特（1755—1793）
（右）玛丽·安托瓦内特使用过的便携式香水套盒

160

　　但当他们到达国境附近的瓦雷纳小镇时，遭到了民众的围追堵截。人们识破了他们的乔装，这次逃亡计划以失败告终。史称"路易十六出逃事件"，据说民众们正是因为闻到了玛丽·安托瓦内特王后身上的奇特香气，才认出了他们。也许那正是深得她喜爱的小特里亚农离宫里鲜花散发出的香气。

　　18 世纪末—19 世纪初，拿破仑的香气（法国大革命之后）

　　法国大革命之后，香水、香料以及陶瓷器这类让人联想到

小特里亚农离宫

波旁王朝的高级物品，都成了老百姓眼中的仇敌。听说当时，女性只要穿了流行的服饰都会被处以重罚。

　　但拿破仑·波拿巴准许了那些才能过人的亡命贵族回国，并接受了香水、香料等所谓的高级物品，这使得法国香气文化得以复苏。有洁癖症的拿破仑非常喜爱香水，人们认为香气文化的复苏也许正是他所期待的。顺便提一下，不同于拿破仑喜欢柑橘类的清爽香气，我们在第五章为大家介绍过他的妻子约瑟芬，则喜欢麝香这类浓烈的香气。据说拿破仑曾因不喜欢浓烈的动物性香气而对妻子大吐苦水。

　　1792 年，由银行家米尔亨斯推出，后被称为"4711"（four·seven·eleven）的古龙水，曾是拿破仑的最爱。据说在短短一个月时间里，他曾用了60多瓶这样的古龙香水。1806年，在某家香料商第一季度的账单上，写有一笔一次性购买162瓶古龙水的记录，总金额达423法郎[6]（约合现在2.5万元人民币）。这一时期的古龙水还能作为药品饮用，因此拿破仑下令，必须按照饮料的标准，标明所有古龙水的成分。拿破仑不仅用它洗脸、涂抹身体，还会大量饮用古龙水，可以说这是他结合自身情况想到的超前的使用方式。

要点解说：4711与拿破仑

拿破仑在占领德国科隆后，命令驻扎部队给当地所有建筑标注编号。古龙水销售商米尔亨斯的工作地

在米尔亨斯办公室刻凿编号 4711 的法国士兵

的编号是 4711，后来，他便将这一编号作为香水的名称。

　　如今 4711 也是世界畅销品牌，深受人们喜爱，它的商标设计源自曾经法国士兵刻在瓶身上的圆圈和数字 4711。

19 世纪末，香水产业化与合成香料的登场

　　在法国，拿破仑因滑铁卢战役的惨败，导致其王朝彻底垮台，他本人也从此开始专注于以上流社会为中心的香水文化。

　　1828 年，世界著名香水制造商娇兰在巴黎开张营业。1853 年在拿破仑三世的结婚典礼上，娇兰公司将首支古龙水（帝王之水）进献给了皇后欧仁妮，此后娇兰公司逐渐成为法国最具代表性的香水制造商。在这一时期，莫利纳尔、贝姿华等法国

皇帝古龙水（当时的名称为帝王之水）瓶身的标签上，饰有法兰西拿破仑皇族的标志：飞鹰、皇冠、权杖。以及象征娇兰品牌的 69 只蜜蜂。现藏于日本大分香之博物馆

香水界不可缺少的公司相继成立。1967 年，法国成功举办第二
届巴黎万国博览会，当时正值香水产业化之初，此次盛会成为
法国香水吸引全世界关注的契机。19 世纪，合成香料的使用引
发了香水界的重大变革。1882 年，在第六章介绍过的巴黎霍比
格恩特公司，首次推出了使用合成香料的皇家馥奇香水，这标
志着香水进入了新的时代。

20 世纪，天才调香师、品牌与名香的时代

进入 20 世纪，自 1900 年至 1920 年的 20 年间，成就了三
位了不起的调香师。分别是：弗朗索瓦·科蒂、雅克·娇兰、
埃内斯特·达尔特罗夫。其中科蒂销售的一款名为"牛至"的
香水，与当时流行的浓烈花香型香水不同，以其新鲜、清淡的

蝴蝶夫人香水的广告（1967 年）

香气掀起了销售热潮。

之后，科蒂联手法国玻璃艺术家兼宝石设计师勒内·拉里克，设计出了让人眼前一亮的新式香水瓶、化妆箱。从此，香水界开始注重香水瓶身及包装设计。1919 年，娇兰推出蝴蝶夫人香水。如今这款香水也颇具盛名，其的创作灵感源自法国作家克罗德·法莱赫的小说《战役》（*La Bataille*）。作品以日俄战争为背景，讲述了美丽的日本女性蝴蝶夫人与英国军官的悲剧爱情故事，这款香水正是以蝴蝶夫人的名字命名的。

1921 年，香奈儿 5 号香水问世，在引发销售热潮的同时，成为时尚界竞争的开端。此后夏帕瑞丽、朗万以及后来大名鼎鼎的迪奥等品牌均相继推出多款香水，其中不乏长期畅销的经典香水。

21 世纪，通往新时代的香水专场展览会

2012 年 11 月，香水史上迎来了新的一页。

在位于纽约曼哈顿的艺术与设计博物馆，成立了世界首个嗅觉艺术中心，这里曾举办过一场名为"气味艺术"（The Art of Scent）的展览会，这是一场专门展示香水香气的展览会。

该展从 1889 年至 2012 年上市的香水中，挑选出 12 款香水作为展品，其中包括 1889 年调香师艾梅·娇兰创作的娇兰公司著名香水姬琪、恩尼斯·鲍的香奈儿 5 号香水，以及爱马

2018 年迪拜举办的"气味艺术"展

仕公司调香师让－克劳德·艾列纳在 2005 年创作并发售的云南丹桂等。

　　展会会场的白色墙壁设有喷雾装置，当参观者将脸靠近墙壁，墙壁低洼处就会喷出香水喷雾。此后同一主题的展览会分别于 2015 年在西班牙马德里、2018 年在阿拉伯联合酋长国迪拜相继举办。其中，在迪拜举办的展览会上，从迪拜购物中心著名香水店的收藏品中选取了 11 种香水进行展示。这种只能用嗅觉感受的展览会，为未来挑战香水制造的人们创造了新的可能性。

兴趣小知识：日本香水的起源

到目前为止，我们以法国为中心向大家介绍了香水的历史。接下来，将围绕日本香水的"第一次"为大家介绍日本的香水历史。

香水第一次传入日本是在什么时候？

江户时代初期的 1613 年 6 月 10 日，首次来到日本的英国东印度公司商船"丁香号"，其指挥官约翰·萨里斯在登陆日本后的第五天，将一瓶蔷薇香水赠给了松浦信实（平户藩第一代藩主松浦镇信的弟弟）。在萨里斯的《萨里斯日本渡航记》中就有相关记载。书中写到，除香水外萨里斯还赠送了一瓶西班牙产的葡萄酒。不仅如此，为了获得与日本的贸易许可，萨里斯还谒见了德川家康、德川秀忠等人，并献上了各种礼物，但其中并未出现香水，当时送给信实的香水是唯一的一瓶。但在丰臣秀吉 1594 年赐给侧室淀殿（淀夫人）的物品中也发现了一个铜制香水瓶，该香水瓶如今藏于京都的养源院，有人认为这才是传入日本的第一支香水（这支香水瓶目前属于非公开展品，所以无法了解相关详情）。

日本产香水从何时开始销售？

1872 年开始售卖的"樱之水"被称为日本的第一

支国产香水。它的制造者是日本桥芳町的留右卫门。在数年之后，这款香水的代理点从千叶、栃木等关东地区发展到长野等地，是当时极具人气的商品。不过人们认为樱之水并不是香水，而是芳香蒸馏水。1877年10月10日，读卖新闻刊登的"菊香水"广告中使用了"古龙水"这一名词，从这点来看，"菊香水"很有可能才是日本第一支国产香水。

有关日本销售的第一支进口香水，虽然众说纷纭，但大多数人认为是法国香邂格蕾公司的"天芥菜"。这支香水于1892年在法国上市，是一款使用了天芥菜、茉莉花、依兰等植物的甜香型香水。

1908年出版的夏目漱石名作《三四郎》中，提到了香水"天芥菜"，主人公三四郎为自己心爱的女子

一　櫻　水　　　報　告　　　新發明瓶入

右ハ舶來の香水ニならひ極製ニ仕候

一面色氣の艷ヲ出シ傳染病ヲ除キ其

功能尤モ多ク精々廉價ニ差上候間御

評判ヲ希フ

東京親父橋芳町　よしや留右エ門

1872年（明治五年）东京日日新闻刊载的樱之水香水的广告

ナーテコロリン
菊香水
バイルナイル
散髪油
カスメチック
棒髪油
七ッ道具
耳掃除
園御の梅
御化粧道具
匂袋

1877年（明治十年）读卖新闻刊载
的菊香水的广告。现藏于日本都立
中央图书馆

ESSENCE CONCENTRÉE
HÉLIOTROPE BLANC
Jn GIRAUD FILS
Parfumeur   GRASSE PARIS

20世纪20年代的天芥菜香水的商标

美弥子挑选了这款香水。这一时期日本人享受香气的
方式，并不是将香水涂抹在身体上，而是将它喷洒在
手绢上。

文学与香：莫泊桑《如死一般强》

只要闻到某种香气，就会唤起与此相关的记忆。大家是否
也有过这样的经历呢？

气味能唤醒沉睡的记忆，这种现象被称之为"普鲁斯特效
应"。来源于法国作家马塞尔·普鲁斯特的《追忆似水年华》

中的一段描写：主人公将玛德琳蛋糕浸泡在红茶里，当他一口吃下被茶浸泡的蛋糕，那香气让他清晰地回忆起曾经的往事。

法国著名作家居伊·德·莫泊桑的小说《如死一般强》，描述了画家主人公与伯爵夫人两位老人因多年来的地下恋情而苦恼不堪的故事。作品通过香水及各种气味巧妙地表现出主人公遗忘的记忆及感情。

像这样突如其来的回忆，一定有着某种微小但具体的诱因，比如某种气味或者香料的香气。他已经好几次因为擦肩而过的女性身上飘来的淡淡香水味，想起已经忘却的往事。

（《如死一般强》，莫泊桑）

在莫泊桑的这部作品中，香气对主人公来说："是一种总能勾起他心中遥远记忆的东西。这些香气就像那些用来保存木乃伊的特殊香料一样，具有一种能够保存逝去过往的力量。"

那么，现实中，人真的能够根据香气想起曾经的往事吗？

本书第二章中介绍的杨贵妃与唐玄宗的故事，让我们看到了香气与记忆的联系。日本明治时期的大文豪夏目漱石曾有过这样一段描写："一旦闻到某种香气，便会想起过去的某个时代，往事历历在目。但当我把这些说给朋友时，大家都笑说，怎么会有这样的事[7]？"读者朋友们又是如何呢？笔者曾经真

的因为某种香气唤醒过一段记忆。事情发生在神田的一家旧
书店，当我无意翻开一本小说，书中夹着一支玫瑰花标本。
从那以后，只要闻到旧书店的气味，我便会想起曾经那朵夹
在书中的干枯玫瑰。

　　如果真的有时光机，大家想去往哪个历史时期呢？如果您读了这本书，想要了解香气的历史，也许您会想去 18 世纪的法国。如果能谒见玛丽·安托瓦内特王后，一定能领略到难以言喻的香气吧。然而也许您立刻会感到失望，因为凡尔赛宫的庭院里满是贵族们堆积如山的粪便，巴黎的街头也是屎尿横流、遍地垃圾，街上还会有随意丢弃的动物尸体，所到之处恶臭至极。

　　并非只是法国，从古代到近代，欧洲乃至世界多数城市，都因没有修建垃圾、粪便处理设施而臭气熏天。直到 19 世纪末期，法国细菌学家路易斯·巴斯德的微生物研究问世之前，人们一直以为，欧洲黑死病和霍乱等传染病横行的原因是恶臭污染了空气。

　　对于当时的人们来说，香气无疑是治愈疲惫嗅觉的绿洲，也是人们用来预防因恶臭引发的传染病的保命手段。古时，香也被广泛应用在世界各国的宗教仪式当中，这不仅是因为人们深信带有香气的烟雾能博得神灵的欢心，还因为它是消除供品的臭气，净化身心、祛除邪气的必不可少的重要工具。

与古代具有如此重要作用及意义的香气相比，现如今香的重要性显得有些微不足道。那么，在接下来的时代，人们又将如何利用香气呢？

近年来，世界各地的研究人员发现，乳香等芳香植物对治疗疑难杂症具有一定的疗效，人们对其在医疗领域的应用抱有很高的期待。但因为全球变暖和各国对天然香料需求的不断增加，造成芳香植物枯竭的情况令人担忧。未来，如果环境不断恶化，也许会有香料逐渐消失。

在本书的最后，为大家分享一个故事。

20世纪初期，某年夏天，有这样一朵花，它如同熄灭的蜡烛一样失去了香气。不仅是这朵花，同一时间，几乎世界所有这一品种的花都失去了香气。这种花是1826年，苏格兰植物学家戴维·道格拉斯在流经美国的哥伦比亚河发现的，后经伦敦园艺协会，将它作为园艺种子推向市场销售。

因它具有麝香香气，因此得名花麝香，这种花一经推出就收获大量人气。然而在1912年，人们发现这花逐渐没有了香气。不仅是英国国内，就连美国及其他国家的同类花也都没了香气。

新闻报纸纷纷报道了这件奇特的事，已经闻惯了的香气就此消失，人们不禁感到惋惜和惊叹。然而，如今如果再有像花麝香那样突然消失香气的花或植物，生活在各种人造香气中的我们，也许根本感受不到。

笔者有时会想起 2009 年夏天从宇宙空间站返回地球的日本宇航员若田光一的一句话"我感到了土地上的小草正用它温柔的香气迎接我的回归"。我们是否也应重新去感受身边那些常常被我们忽视的香气呢？在它们消失之前。

175

注釈

序章

1 『香料文化誌　香りの謎と魅力』C.J.S.トンプソン、駒崎
　雄司訳、八坂書房、88頁

2 『磐田市香りの博物館の展示室（クレオパトラの1回に使
　った香料20万円）』

3 『調香師の手帖　香りの世界をさぐる』中村祥二、朝日文庫、
　67頁

第一章

1 『NHK　海のシルクロード　第2巻』森本哲郎、片倉もと
　こ、NHK取材班、日本放送出版協会、65頁

2 『歴史　上』ヘロドトス、松平千秋訳、岩波文庫、137頁

3 同書468頁

4、5『プリニウス博物誌　植物篇』プリニウス、大　真一郎編、
　八坂書房、25頁

6 『シバの女王　砂に埋まれた古代王国の謎』ニコラス・ク

ラップ、矢島文夫監修、紀伊國屋書店、42 頁

7 『NHK スペシャル　新シルクロード　激動の大地をゆく＜
上＞』NHK「新シルクロード」プロジェクト編、日本放
送出版協会、111 頁

8 『NHK　海のシルクロード　第 2 巻』前掲、56 頁

9 『NHK スペシャル　新シルクロード　激動の大地をゆく＜
上＞』前掲、143 ～ 144 頁

10 『諸蕃志』趙汝适撰、藤善真澄訳注、関西大学東西学術研
究所、256 頁

11 『香料博物事典』山田憲太郎、同朋舎、143 頁

12『ボードレール全集　Ⅰ　悪の華』阿部善雄訳、筑摩書房、
75 ～ 76 頁

第二章

1 『長恨歌　楊貴妃の魅力と魔力』下定雅弘、勉誠出版、5 頁

2 『医心方＜巻 26＞仙道篇』丹波康頼、槇佐知子訳、筑摩書
房、90 頁

3 同書 92 ～ 95 頁

4 『大旅行記　6』イブン・バットゥータ、イブン・ジュザイ
イ編、家島彦一訳注、東洋文庫、404 ～ 406 頁

第三章

1 『明治天皇紀　第4』宮内庁、吉川弘文館、54頁

2 「正倉院展」目録、第63回（平成23年）、奈良国立博物館、33頁

3 『蜷川式胤「奈良の筋道」』米崎清実、中央公論美術出版、171頁

4 「正倉院展」目録、前掲、136～137頁

5 『正倉院の香薬　材質調査から保存へ』米田該典、思文閣出版、77頁

6 「天正二年截香記」清実、『続々群書類　第16』国書刊行会編、続群書類従完成会、50～55頁

7 『正倉院よもやま話』松嶋順正、学生社、25頁

8 　正倉院（宮内庁）　Webサイト http://shosoin.kunaicho.go.jp/ja-JP/Home/About/Repository?ng=ja-JP

9 『香料博物事典』前掲、83頁

現在の価格は、価格は1匁218円前後と想定して計算。慶長19年1両50匁として、1871（明治4）年慶長小判→10円6銭より算出。

10 『徳川「大奥」事典』竹内誠、深井雅海、松尾美恵子編、東京堂出版、155～156頁

11 「美しい滅びの美術」『中井英夫作品集　Ⅱ　幻視』中井

英夫、三一書房、213頁

第四章

1 「寄物に関する一考察」富島壯英、『沖縄の宗教と民俗
　窪徳忠先生沖縄調査20年記念論文集』窪徳忠先生沖縄調
　査20年記念論文集刊行委員会編、第一書房、538〜539頁

2 『日本誌　第7分冊　日本の歴史と紀行』改訂・増補　新版、
　エンゲルベルト・ケンペル、霞ケ関出版、1244頁

3 『東方見聞録　2』マルコ・ポーロ、愛宕松男訳注、東洋文庫、
　231〜233頁

4 『香薬東西』山田憲太郎、法政大学出版局、75頁

5 「寄物に関する一考察」前掲、537頁

6 『食品香粧学への招待』藤森嶺編、三共出版、15〜16頁

7 『食の歴史　100のレシピをめぐる人々の物語』ウィリア
　ム・シットウェル、栗山節子訳、柊風舎、177頁

8 『捕鯨船隊』桑田透一、鶴書房、200頁

第五章

1 『ナポレオン愛の書簡集』草場安子、大修館書店、99頁

2 『職業別　パリ風俗』鹿島茂、白水社、97頁

3 『決定版　バラ図鑑』寺西菊雄ほか編、講談社、13頁

4 『薔薇のパルファム』蓮田勝之、求龍堂、72 頁

5 『花の西洋史事典』アリス・M・コーツ、白幡節子訳、八坂書房、336 頁

6 『薔薇のパルファム』前掲、80 頁

7 『バラの香りの美学』蓮田バラの香りの研究所、東海教育研究所、21 ～ 22 頁

8 『調香師の手帖　香りの世界をさぐる』前掲、67 頁を参考に算出

9 国営越後丘陵公園　香りのバラ園　Web サイト
http://echigo-park.jp/guide/health-zone/rose-garden//fragrance-area/index.html

10 『香料文化誌　香りの謎と魅力』前掲、37 ～ 38 頁

11 『大旅行記　6』前掲、410 ～ 414 頁、443 頁

12 『世界文学全集　63「ドリアン・グレイの画像」』オスカー・ワイルド、富士川義之訳、講談社、333 頁

第六章

1 『サムライ異文化交渉史』御手洗昭治、ゆまに書房、198 ～ 199 頁

2 『企画展　渋沢英一渡仏一五〇年　渋沢栄一、パリ万国博覧会へ行く』公益財団法人渋沢栄一記念財団渋沢史料館、

50頁

3『渋沢栄一、パリ万博へ』渋沢華子、国書刊行会、84頁

4『クスノキと樟脳　藤澤樟脳の100年』服部昭、牧歌舎、
　55頁

5『鹿児島の歴史』鹿児島県社会教育研究会高等学校歴史部
　会編、大和学芸図鑑、178頁

6『龍馬がゆく』司馬遼太郎、『司馬遼太郎全集　4』文藝春秋、
　297頁

7『特別展覧会　没後150年坂本龍馬』京都国立博物館編、
　読売新聞社、102頁、255頁

第七章

1『シャネルN°　5の秘密』ティラー・マッツエオ、大間知
　知子訳、原書房、199頁

2、3『シャネルN°　5の秘密』前掲、83頁

4『最新版　香水の教科書』榎本雄作、学習研究社、41頁

5『香料文化誌　香りの謎と魅力』前掲、100頁

6『香料文化誌　香りの謎と魅力』前掲、161頁

7『定本　漱石全集　第9巻』夏目金之助、岩波書店、117頁

参考文献

整体参考文献

『香料博物事典』山田憲太郎、同朋舎、1979

『食品香粧学への招待』藤森嶺編著、三共出版、2011

『香りの百科事典』谷田貝光克ほか編、丸善、2005

『調香師の手帖　香りの世界をさぐる』中村祥二、朝日文庫、
　2008

『香りのシルクロード　古代エジプトから現代まで』2015 年
　夏の特別展「図録」、古代オリエント博物館、岡山市立オ
　リエント美術館共催、2015

序幕

『匂いの魔力　香りと匂いの文化誌』アニック・ル・ゲレ、
　今泉敦子、工作舎、2000

『アローマ　匂いの文化史』コンスタンス・クラッセンほか、
　時田正博訳、筑摩書房、1997

第1章

『図説古代仕事大全』ヴィッキー・レオン、本村凌二（日本
　語版監修）、原書房、2009

『調香師が語る香料植物の図鑑』フレディ・ゴズラン、グザ
　ビエ・フェルナンデス、前田久仁子訳、原書房、2013

第2章

『楊貴妃　大唐帝国の栄華と暗転』村山吉広、中公新書、1997

『楊貴妃　傾国の名花香る』小尾郊一、集英社、1987

『長恨歌　楊貴妃の魅力と魔力』下定雅弘、勉誠出版、2011

『中国古典小説選7 緑珠伝・楊太真外伝・夷堅志他〈宋代〉』
　竹田晃、黒田真美子編、明治書院、2007

『クスノキと樟脳　藤澤樟脳の100年』服部昭、牧歌舎、2007

『シェイクスピアの香り』熊井明子、東京書籍、1993

第3章

「正倉院展」目録　第63回（平成23年）奈良国立博物館

『正倉院の香薬　材質調査から保存へ』米田該典、思文閣出
　版、2015

『正倉院よもやま話』松嶋順正、學生社、1989

『正倉院小史』安藤更生、国書刊行会、1972

『日本の香り』松榮堂監修、コロナ・ブックス編集部編、平凡社、2005

『香千載　香が語る日本文化史』石橋郁子、畑正高監修、光村推古書院、2001

『正倉院の謎』由水常雄、新人物往来社文庫、2011

『香道入門』淡交ムック、淡交社、1998

第5章

『ヴェネツィアのチャイナローズ 失われた薔薇のルーツを巡る冒険』アンドレア・ディ・ロビラント、堤けいこ訳、原書房、2015

『モダンローズ　この1冊を読めば性質、品種、栽培、歴史のすべてがわかる』村上敏、誠文堂新光社、2017

『決定版　バラ図鑑』寺西菊雄ほか編、講談社、2004

『長物志　明代文人の生活と意見　1』文震亨、荒井健ほか訳注、東洋文庫、1999

『古代ローマの料理書』アピーキウス、ミュラ＝ヨコタ・宣子訳、三省堂、1987

『大旅行記6』イブン・バットゥータ著、イブン・ジュザイイ編、家島彦一訳注、東洋文庫、2001

第6章

Narrative of The Expedition of an American Squadron to the China

  Seas and Japan

『ペリー艦隊日本遠征記　Vol.1』オフィス宮崎翻訳・構成、

  栄光教育文化研究所、1997

『たまくす　第4号：特集　黒船絵巻と瓦版』横浜開港史料

  館、普及誌、1986

L'Exposition universelle de 1867 illustrée

The illustrated london news 1867

『薩摩人とヨーロッパ』芳即正、著作社、1982

『都風俗化粧伝』佐山半七丸、東洋文庫、1982

『化粧』久下司、法政大学出版局、1978

第7章

『シャネルN°5の謎　帝政ロシアの調香師』大野斉子、群

  像社、2015

『香水の歴史　フォトグラフィー』ロジャ・ダブ、新間美也

  監修、富岡由美訳協力、沢田博訳協力、原書房、2010

『マリー・アントワネットの調香師　ジャン・ルイ・ファー

  ジョンの秘められた生涯』エリザベット・ド・フェドー、

  田村愛訳、原書房、2007

『日本渡航記』ジョン・セーリス、村川堅固訳、十一組出版
　部、国立国会図書館蔵、1944

http://www.grandmuseeduparfum.fr/

http://madmuseum.org/

CHANEL　N°5-For the first time-Inside CHENEL

http://www.youtube.com/wach?v=tRQa33dqyxI&t=1s

尾声

『植物巡礼　プラント・ハンターの回想』F. キングドン‐ウ
　ォード、塚谷裕一訳、岩波文庫、1999

『排泄物と文明　フンコロガシから有機農業、香水の発明、
　パンデミックまで』デイビッド・ウォルトナー＝テーブズ、
　片岡夏実訳、築地書館、2014

『平安京のニオイ』安田政彦、吉川弘文館、2007

图书在版编目（CIP）数据

香与历史的七个故事／（日）渡边昌宏著；魏海燕
译. —西安：陕西人民出版社，2023. 11
ISBN 978-7-224-14640-0

Ⅰ. ①香… Ⅱ. ①渡… ②魏… Ⅲ. ①香料—历史—
世界—通俗读物 Ⅳ. ①TQ65-091

中国版本图书馆 CIP 数据核字（2022）第 143247 号

著作权合同登记号　　图字：25-2022-122
KAORI TO REKISHI, NANATSUNO MONOGATARI
By Masahiro Watanabe
© 2018 by Masahiro Watanabe
Originally published in 2018 Iwanami Shoten, Publishers, Tokyo.
This simplified Chinese edition published 2022
by Shaanxi People's Publishing House, Xi'an
by arrangement with Iwanami Shoten, Publishers, Tokyo

出 品 人：赵小峰
总 策 划：关　宁
策划编辑：管中洣
责任编辑：管中洣　张阿敏
整体设计：白明娟

香与历史的七个故事

作　　者　［日］渡边昌宏
译　　者　魏海燕
出版发行　陕西人民出版社
　　　　　（西安市北大街 147 号　邮编：710003）
印　　刷　陕西博文印务有限责任公司
开　　本　880mm×1030mm　1/32
印　　张　6. 125 印张
字　　数　112 千字
版　　次　2023 年 11 月第 1 版
印　　次　2023 年 11 月第 1 次印刷
书　　号　ISBN 978-7-224-14640-0
定　　价　45. 00 元

如有印装质量问题，请与本社联系调换。电话：029-87205094